教育部哲学社会科学重大课题攻关项目
《民族传统文化元素在现代艺术设计中的应用研究》
〔项目批准号：10JZD0013〕阶段性成果

# 坐。位

## 中国古坐具艺术

ZuoWei The Art of Classical Chinese Seat

【凿枘工巧】

中央美术学院 编
Compiled by CAFA

故宫出版社
The Forbidden City Publishing House

凿枘工巧
中国古坐具艺术展
The Art Exhibition for Ancient Classical Chinese Seats
官帽椅

坐具「椅凳」是家具中的原点，影
响着其他诸如承具「桌案」、庋具
「柜架」、卧具「床榻」、杂具
「屏台」等家具的走向。其坐其
位，占据的是物质空间，构建的是
尊卑有别、长幼有序、进退有礼的
精神体制，这个独特的精神与物质
的结构体，是那个时代与文化经验
中无可抹灭的印记。
拂去历史的尘埃，我们得以穿越古
今，沟通交流，其间传达的讯息，
表现出文明的轨迹，照亮我们探寻
其文化的方向。再次面对这些其默
如宜的坐具遗珍，聆听那来自古老
文明最深处的真挚召唤，重获前行
「坐·位」

# 目录

# 序一

『凿枘工巧』中国古家具文化艺术系列展，转眼已经成功举办三届。此次坐具展，品类繁多，几乎涵盖了古坐具的各个门类，精彩频仍。于这些坐具中，我们可以看到古人的生活状态，看到古人对于生活、艺术、尊卑秩序等的态度。在这些家具的造型、结构、纹饰等处，透露着古代工匠的勤劳、智慧和艺术修养。

此次坐具展，以坐与位的探讨展开，展览筛选展出的对象不是根据其材质标准来选择，而是根据它所引发思考的可能性方向，并配合展陈布局使问题『戏剧化』。它们引导人们进入历史，发现自我，启发思考，诸如：坐具可以在怎样的方式下改变人与物的关系；古人经由坐具确定自己的位置，甚至自己的文化属性，当今的我们位置又在哪里？某种意义上，此次展览并不是一种文化表象的展现，而是期望观者基于这种表象引发自我的潜在思考，延伸不同可能性的探寻。

每一件坐具都在历史中扮演过或大或小的角色，它看过世间战乱和平，阅尽朝代变迁，历经人类社会文明演变，它的生命历程不逊于一个精彩的人生。透过坐具，可以看到一个时代的审美，看到一个时代的社会风尚。而对一件已经生存了几百上千年的器物，人们会不自觉地感到自己的渺小，我们仅仅是历史长河里芸芸众生中的一粒。

我们经常讲：『器以载道。』故宫博物院收藏的明清家具甚为丰富，这些文物承载着厚重灿烂的传统文化和悠久绵长的中华历史。但是，历史不只是皇家的，也是人民大众的，民间家具又如何？文人家具又如何？宫廷文化与民间文化之间千丝万缕的关系，如何寻踪？在纷繁复杂的年代，当我们面对各种利益和物质的诱惑时，是否还能给历史和文化留一份敬重呢？

这些问题值得我们细细思量，也提醒我们，作为华夏民族的一员，在继往开来的时代，文化需有历史责任感。据我所知，『凿枘工巧』系列展发端于一群热爱家具，有志于保护、传承和发扬中国家具的专家、收藏家、企业家。他们这份对家具的热诚，令人钦佩。鉴于此，我们故宫出版社积极承担了本次展览图录的出版工作，也算是为传统文化的发展略尽绵力，当然，我们希望这样的合作越来越多。

文学大师顾随『以出世的态度做入世的事业』，这一句话我很欣赏，但说来容易做来难，在这个展览中，倒可寻得一份心境，一份责任，一份热忱，希望它可以延续开来，激荡人心。

故宫博物院常务副院长

# 序二

中国古代家具艺术不仅是一种特殊的、不同于纯艺术的艺术类型，也非常具有社会研究价值。家具背后隐含着大量的社会信息，体现了制作者和使用者的社会观与精神面貌，反映出居住者的职业特征、审美趣味和文化素养。

作为一家致力于传播世界范围内优秀文化艺术的艺术馆，中华世纪坛世界艺术馆不只引进国外优秀的文化类、艺术类展览到国内，也利用逐渐扩大的国际交往平台，将我国悠久的文化艺术展示给国内乃至世界观众。在近五年内，我们将与国内外中国古家具研究、收藏的著名机构和藏家一起，完成中国古典家具展览史上最大规模的一次梳理和展示。去年我馆已举办过以古典家具中卧具为主题的『凿枘工巧——中国古卧具艺术展』，此次则以古典家具中坐具为题，与中国古家具的研究者和收藏者们，共同合作，共叙前缘——坐卧之间，完整展示中国古典坐卧形式的发展脉络。

中国家具的发展历史悠久，文化一直是中国传统家具不可或缺的支撑点，各民族之间，甚至中西方之间文化艺术的交流，也使家具在形制、功能上得以相互渗透。早在汉代，胡床即由西域传入中原；在一九世纪欧洲摄政时期样式混杂了埃及、中国和摩尔人的特点。无论如何发展，韵与意、朴与雅，一直是中国家具的传统审美追求。

一代代巧匠执着、无私地将他们的技艺传给后人，让我们可以循着传统文化的脉络，洞彻古人生活的态度、哲学与智慧，看到家具的造型随着历史的推进而不断创新发展。在传统古家具中体现出的工艺、艺术和历史文化价值，使它成为中华民族值得骄傲并珍视的文化遗产之一。对中国古典家具的展示与研究不仅能更全面、系统地反映中国古典家具艺术精粹，为艺术界、设计界提供必要的借鉴，且可管窥博大精深的中国文化一隅，进一步了解、认识、学习、研究、继承、发扬中国的家具文化。我们希望借此次展览，提升中国古典家具在世界范围内的研究热忱，为丰富世界文明贡献一隅之力。

感谢社会各界对展览的大力支持，更感谢为展览付出巨大心血的每个人！

中华世纪坛世界艺术馆馆长

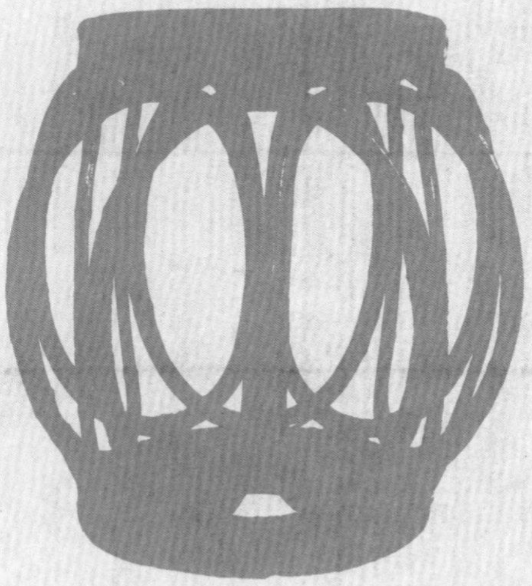

# 序 三

坐具成为中国人家居用具的必备应在唐代之后，席地起居改为垂足起居必然有一个漫长的过程。目前已发现的多类物证都在支持这一观点。新疆尼雅和楼兰出土的椅具与宋代之后的椅具大相径庭，反倒与罗马风格的椅具相近，由此可见椅具西来说并非空穴来风。随后的魏晋南北朝的绘画（画像石及壁画）作品中，亦可以看到椅具的一般作用，尤其是宗教壁画中，高坐为一种精神信仰。

至唐代，中国人的起居变化大体完成。敦煌四七三窟唐代宴饮场面已将案与凳共置同一场景，只不过此时的案与凳同高，凳还是宽板长条大凳，某种意义上说，这场景还是汉代场景的延伸，人们多数还是盘坐于上，只不过离地而已。到了晚唐五代，中国人的坐具才基本完成独座理念，比如著名的晚唐《宫乐图》，已形成案高凳低的特征，仕女不见盘坐，均垂足于凳，凳为腰圆形，一人一具，改盛唐残存的汉风。而五代时期的《韩熙载夜宴图》已经将宋人的生活习俗提前昭示，椅具登场，作为室内陈设的主角反复出现，这一变化将中国坐具的完备定格于千年之前。

宋代之后，椅具成为了家居普及之物，名称也将性能之「倚」改为实质之「椅」。宋人看中的「倚」是「椅」，木质结构的随意将后世坐具文化演绎得淋漓尽致。所以有了官帽椅、圆椅（后称圈椅）乃至交椅，还有社会学的俗名太师椅，宋朝张端义的《贵耳集》一叫就是千年。

元明清以后，坐具已成为中国人起居不可分开的家具，或方或圆，或高或低，或独坐或双人乃至多人同坐。

今天侥幸存世的坐具让后人可以有机会领略古人的才智与文化的遗存。此时高坐对中国人不再是简单的生理需求，在漫长的文化进程中形成了特有的家居文化。先是先秦及汉，坐姿就表明了人的身份等级，跽坐比盘坐严谨，符合礼制；散坐表明态度，宋代的许多佛像在传达一种自在信息；中国人说，坐有坐相，坐如钟，沉稳而重心偏下，这种坐的文化影响了坐具的文化，所以可见的历代坐具都在悄无声地讲究人文精神。

缘于此，中国古代坐具的舒适度让位于精神渴求。我们优秀的四出头官帽椅、圈椅、交椅、靠背椅、玫瑰椅及其他各类风格的椅子，都把人文精神放在前面，在此基础上再考虑舒适，「S」形「C」形靠背板；落差性的扶手，顺势连贯而下的扶手，三面接近高度的扶手；软屉，硬屉；相交而行，四足落地加之西方人最怕的管脚枨，都在将古代坐具的人文精神与科学精神融合表达，让中国古代坐具在世界家具史上独树一帜。

此册《凿枘工巧》坐具篇集各类材质、多种造型的坐具，名贵材质与一般材质的追求虽有千差万别，坐具的功能使用与欣赏虽界限不清，但我们的先人头脑清晰，特别是我们民族用了几百年时间从汉至唐彻底告别了席地坐，那随后就有义务将后人的生活装扮得更美好，设计得更舒适。

本图册收录的坐具虽只沧海一粟，但亦能为上述文字图解。是为序。

观复博物馆馆长

马未都

# 序四

众望所归，如期而至，『凿枘工巧』中国古代家具艺术系列展终于进入了第三季。这个由一批民间家具收藏家发起，中央美术学院、中华炎黄文化研究会、中华世纪坛世界艺术馆、观复古典家具博物馆等单位联合主持的雄心勃勃的系列展陈计划，准备连续五年分专题推出，全面地呈现中国传统家具艺术精髓与民间收藏精华。本期专题『古坐具艺术展』在秉承精致高雅的一贯风格基础上，展陈方式与叙事风格又有新的拓展，而朴实、隽永的『坐·位』主题设定则给整场展示带来无穷联想的弦外之音。

中国古代造物文明历来有其自身的格致传统与人文依据，即使简单如一桌一椅、一案一几，也是一种岁月纲常的造化、人伦精神的象征。人皆生命个体，本来并无区隔尊卑的划界，然而人既成群，则必有彼此之别、客己之分；而以生活起居之家常、安排有序之位置就能使人群往来井然有序、彬彬有礼，正是一种文明人类的必需，也是人类文明发育成熟的标志。时至今日，这种深入世界各民族文化传统精髓的基本文明，不仅没有远离当代生活而去，相反，随着星球化交往的高度频繁、人际关系的日益复杂而变得更加现实、更为必要。或许这正是『坐·位』之主题既显淡泊高远，却又有强烈当下气息的缘由所在。

在任何时代，家具都是一种承接复杂人文关系、物化日常生活的主体形式。而坐具则由于它本质上是一种短暂容纳身体的憩息要求，并由此成为限制人的移动行为的特殊安排，这种空间定位的特殊意味，使得『坐』的形式在一种文明的语境下会增添生活的无穷旨趣。提倡生活趣味中的『人无贵贱、家无贫富』的李笠翁，会津津乐道于给生活中安排一些暖椅、凉杌，以达到『富贵贫贱同一致』的雅趣（清李渔《闲情偶寄·器玩部》）。现实生活中人们对于坐具生活的追求也无出其右。数年前在一个日本设计高校的毕业展上看到一位年轻设计师的毕业作品。这位同学来自工业设计专业，但他的作品选择了传统木工艺，他给自己确定的命题，是亲手为父亲做一具在日式居室内使用的木质坐具。这种坐具没有靠背只有椅面，是日本家庭生活中最为简易的形式。但是这位同学按照人体工程原理精心设计了一个起坐舒适的椅面，除此之外，特意将椅面抬高了一〇厘米，成为一室之中位置最高的坐席。他对自己创意的解释是：父亲性格木讷，终年在外务工养家，回家后唯一的享受就是坐下来，喝一口酒。他的作品就是想让回到家中的父亲更有尊严地享受这段短暂的快乐时光。

在各种家具中，坐具的形式相比简单，但意味是丰富的。除了能够承接身体憩息要求的物质构成之外，还能够表达『坐』之尊严的，包括三种维度：决定基本生活方式的坐姿（高度）、体现空间敬意的方位（向度）和传达制作用心的工艺样式（精度）。这三者影响着人在整个室内生活中的基本姿态与空间位置，由此而产生了传统家具变化无穷的材质工艺和设计意匠，也由此塑造了中国人睡卧之外全部起居生活的基本风范。学者张朋川认为坐具是决定室内陈设格局的基本因素，而『主人的座位成为室内陈设的中心』（张朋川《〈韩熙载夜宴图〉图像志考》）。从席地而坐的时代始，中国室内各种陈设尺度方位均以人的坐姿为基准，各种桌、几、俎、案，甚至壶、杯、盘、盒等相应陈设也只能以在这种坐姿所适应的范围之内；身体活动的高度进一步决定了建筑空间的尺度和活动范围，至今日本住宅的空间构成仍然保持着与西方建筑完全不同的模数系统。中国汉唐之际，当小尺度的枰、床、榻等家具出现时，桌、案、围屏等家具尺寸相应出现变化，不仅室内活动范围趋大，家具类型随之增加，室内活动中的尊崇关系出现变化，略高于筵席的床、榻成为身份地位的表征。而当高足家具出现之后，不但桌、椅、凳、墩等家具形制有了新的发展，围绕着高足而立的桌椅，室内陈设重新确立了空间逻辑关系，同时也提升了空间的高度，从而形成行为礼仪、舒适体验都改变内涵的中国室内生活形态。在这个意义上，『坐·位』之尊，不仅对应着家具类型与尺度的系统塑型，而且牵连着整个中国室内生活与人伦关系的复杂变化。由此来看，以『坐具』为中心构成中国室内陈设基本格局的解释并不为过。而导致坐具形态及规格演变的逻辑根本，则是人在其中的生活尊严。

毛泽东曾有诗云：『坐地日行八万里，巡天遥看一千河。』虽然诗中的『坐』仅是一种比喻，但对于多数人生，『坐地日行』仍然是一种最基本的生活状态，人的一生中总有不下三分之一的生命是坐着度过的，因此，坐的形态直接关系到生命的位相，坐具的文明也同样体现着社会的文明、设计的文明。设计是要讲位格的，至今中国人的生活设计中仍然缺乏包括坐具在内的家具设计基本模数，谁又能说，这与二〇世纪以来中国社会最基本的生活结构总是被周而复始的革命一再打破无关？如此看来，人们对于『坐·位』之尊的期盼，似乎又可多出一分有望成为创新之源的新的理解。

传统文化元素在现代生活及设计艺术中的应用，从来就不是一个虚拟的命题。以坐具的变革来看，今天『坐』的形式不仅是以往空间形式与起居生活的延续，同时也是新的起坐需求与生活条件的应对，更何况『坐卧』之间还存在着人类生活的『位格』塑型这个永远具备挑战性与实验性的命题。

中央美术学院
设计文化与政策研究所

# 澄古

何为古？尚存否？

古，久也。不知古，不师古，如无源之水。澄古以明今，这是一条必由之路，如此我们才可在先辈的基础上，精益精进，得其心源。

# 坐·位

于山　林存真

宝座与杌凳均属坐具，但两者相去甚远，宝座总是器宇轩昂、居中而置；杌凳则千变万化、随遇而安。其根源在哪？宝座是皇权的象征，体现帝王的无上与威严；杌凳则是民间最为普及的坐具，不过多地受制于「礼藏于器」的约束，以相对自由与单纯的方式，散漫于日常生活之中。由于人的社会属性不同，坐具的变化便也随之呈现出令人惊叹的丰富。

外观于造化，内省于自我，而后立象。其实，人文关怀的沉思与眷顾均被注入到坐具的生命中，故「象」涵纳万千、异彩纷呈，它们或志同道合，或和而不同，这围绕着坐具的零零总总还要由题目这两字说起。

二人止息于土上，谓坐。「坐」，是介于卧与站之间的姿态，但这看似简单的行为背后却隐含着极其深邃的社会内涵；「位」，定义的则是空间，既可表所处之地，又可表职务高低，它释明方向，标示顺序，有内外之分，有远近之别，既可表一隅，又可纳全部。当「坐」与「位」相遇，那么「坐」便不是简单的坐，它反映着「位」的空间概念及其社会属性，并通过更为具象的载体表达着人在特定历史时期与文化背景下的思想与生活。由此形成的「坐具」便成为涉及范围更广，内涵更丰富的概念。它作为我们生活的物化存在，见证着整个民族礼制、思想的陈新和交迭。

「坐」与「坐具」的发展经历了由席地而坐到垂足而坐的演变过程，反映着中国各时代人的状况，是最鲜活的历史、地域、文化代表物。古人始坐于土，而后坐于席，并逐渐确立礼制，随着游牧文化与农耕文化的交融及佛教的传入，胡床等高型坐具相继出现，历经唐、五代至宋的交迭变迁，中国人最终进入了垂足而坐的时代，并延续至今。

坐具（椅凳），是家具中的原点，影响着其他诸如承具（桌案）、庋具（柜架）、卧具（床榻）、杂具（屏台）等家具的走向。其坐其位，占据的是物质空间，构建的是尊卑有别、长幼有序、进退有礼的精神体制，这个独特的精神与物质的结构体，是那个时代与文化经验中无可抹灭的印记。

本书通过「澄古」、「造诣」、「立象」这三个层面对中国坐具艺术展开探讨，所辑实例仅是取浩瀚坐具中的一瓢，它们或造型优美，或工艺精湛，或年代久远，或传世罕见，或地区风格突出，不一而足。它们所展现的不是美和丑，更不是贵和贱，而是告诉我们，祖先曾在上面操劳、歇息……

澄古以思今，悉心聆听那来自古老文明最深处的真挚召唤，使我们得以拂去历史的尘埃，再次面对这些其默如宣的坐具遗珍，穿越古今，沟通交流，其间传达的讯息，表现出文明的轨迹，指引我们探寻的方向，并重获前行的力量。

## 席上时代

跪坐，也称跽坐，是唐代之前中国人最为标准的坐姿，即两膝着地，臀部落在脚跟上，这是有意识的坐，是受礼法制约的坐。适应跪坐的坐具便是经纬篾片而成的席等，后来还有榻（图一至图三）。

起初人们为了隔潮防凉，用兽皮、树叶等铺在地上，后演化为中国古代社会最早的坐具——筵和席。东汉郑玄注《周礼》时解释说：「筵亦席也，铺陈曰筵，籍之曰席，筵铺于下，席铺于上，所以为位也。」。时至今日，我们的言词中还保留着这些古老坐具的印迹，比如「首席」、「出席」等。

早期床的功能也与今天有异，《说文》：「床，安身之坐者。」可见，床还是一种坐具。刘熙《释名·释床帐》说：「长狭而卑曰榻，言其想然近地也，小者独坐，主人无二，独所坐也。」床、榻与席是中国席上时代的主要坐具，共建了中国起居文化的核心。

## 胡床出现

从席到床，坐具已经逐渐高了起来，而后又出现了一种更高的坐具——「胡床」，这种交午为足的坐具在汉代传入中国，与此同时也出现了与之相应的垂足而坐的方式，它开启了跪坐与垂足而坐并行的时代。当然，同来的还有适应垂足而坐的「筌蹄」。另外还有随佛教东传而来的盘膝而坐的方式，即「跏趺坐」。绳床是适应这种方式的坐具，其后演变为禅凳和禅椅，这种方式直至今天，仍能看到（图四至图六）。

起居习俗是一种基础文化，许多文化由此派生。唐代是垂足而坐逐渐取代跪坐的时代，月牙杌子（图七）、鼓墩、条凳等轻巧坐具在这个时代悄然兴起。逐渐地带有靠背的椅子出现了，这标志着中国人的起居生活乃至整个文化范畴都将发生重大变革。

## 更迭交替

五代到宋是中国家具更迭交替，而最终走向成熟稳定的时期，坐具的发展变化始终起着引领变革的作用。五代南唐画家顾闳中的《韩熙载夜宴图》，生动地展现了当时的贵族生活场景，画中韩熙载盘腿坐在靠背椅上，另外两位官员也都「垂足而坐」了。宋代更是中国家具高速发展的时期，我们今天能看到的圈椅、交椅、杌凳、坐墩、灯挂椅、官帽椅和玫瑰椅等都能在此找到原形。此时，伟岸华贵的宝座也垂挂着流苏出现在帝后的画像中。中国由此彻底告别了席地而坐，进入垂足而坐的时代（图八至图一三）。

陈寅恪先生曾说过，中国文化「造极于赵宋之世」。宋代崇文抑武，其文化空前繁荣，我们所熟识的中国古典家具体系便在这样的历史背景下日趋成熟。

## 巅峰之作

明、清时期，中国家具发展达到顶峰，我们能看到的古代家具遗存大多来自这一时期。其辉煌成就对东西方都产生了深远的影响，在世界家具体系中占有重要地位。这一时期坐具已不存在形态的重大变革，而是在造型、结构、工艺、装饰等方面不断改良，使其日臻完美（图一四至图一八）。

图一 汉 画像石局部 山东滕州汉画像石馆藏

图二 东汉《夫妇宴饮图》壁画局部 河南洛阳朱村汉魏墓出土

图三 东晋 顾恺之《列女仁智图》局部 故宫博物院藏（宋摹本）

图四 西魏 敦煌二八五窟壁画局部

图五 北齐 杨子华《校书图》局部 波士顿美术馆藏

图六 唐 敦煌一三八窟壁画局部

图七 唐 佚名《宫乐图》局部 台北故宫博物院藏

图八 五代 顾闳中《韩熙载夜宴图》局部 故宫博物院藏

图九 宋《宋太祖坐像》局部 台北故宫博物院藏

图一〇 宋 苏汉臣《妆靓仕女图》局部 波士顿美术馆藏

图一一 宋 佚名《十八学士图》局部 台北故宫博物院藏

图一二 宋 佚名《罗汉图》局部 静嘉堂文库藏

图一三 元 任仁发《张果老见明皇图》局部 故宫博物院藏

图一四 明《明宣宗坐像》局部 台北故宫博物院藏

图一五 明 崔子忠《杏园夜宴图》局部

图一六 清《乾隆朝服像》局部 故宫博物院藏

图一七 清 归庄《罗汉图》局部 克利夫兰艺术博物馆藏

图一八 清 佚名《千秋绝艳图》局部 中国国家博物馆藏

# 常见坐具及相关器具

坐具的形态千变万化，就种类而言，常见的有宝座、交椅、扶手椅、圈椅、官帽椅、灯挂椅、玫瑰椅、交杌、杌凳、坐墩、条凳……除了我们常见的椅、凳、墩等，还有一些少见品种或附属构件，下面试举几例。

## 宝座

宝座是等级最高的坐具，为宫廷、府邸或寺庙专用，置于室内正中间，在封建社会只有最高贵的人才能坐。宝座尺寸硕大，气势雄伟，造型接近床榻，多配以织绣迎手、靠垫使用。

## 交椅

交椅因两足相交而得名，源于胡床，宋代绘画作品中已有反映，常见形式有直靠背和圆靠背两种，为椅具中形体较大者，是地位和身份的象征，「坐第一把交椅」便是首领的代名词。

## 圈椅

圈椅亦称『圆椅』、『罗圈椅』，因其圆靠背如圈而得名，古人称为『栲栳样』。椅圈多为三段或五段木料榫接而成。圈椅靠背曲线柔婉流畅，甚适倚靠，是中国独有的坐具种类。

## 官帽椅

官帽椅为扶手椅的一种，因其形制颇类古代官帽而名之，常见有搭脑和扶手皆出头的『四出头官帽椅』和皆不出头的『南官帽椅』。其他还有『两出头官帽椅』和『梳背官帽椅』。

## 扶手椅

凡带有靠背、扶手的椅具均可统称为扶手椅，但狭义上的扶手椅不包括官帽椅、玫瑰椅和圈椅。太师椅一般指清代晚期出现的一种雕刻繁复且多以太狮少狮为题材的扶手椅。

## 玫瑰椅

玫瑰椅是一种靠背和扶手高度相差不多，且大多与椅盘垂直的扶手椅。玫瑰为古代美玉之名，或言此类椅具之优美。《扬州画舫录》有「鬼子式椅」，或指玫瑰椅。

## 靠背椅

靠背椅指有靠背而无扶手的椅具。灯挂椅是靠背椅的一种，因其搭脑出头，形似民间所用挂油灯的座托而得名。灯挂椅是椅具中出现较早的类型，形体轻盈，造型优美，多加搭椅披。

## 交杌

交杌即传入中国的最早坐具——胡床，后世也有称「马扎」者，可折叠，携带方便。常见造型为交午为足，加以金属构件，座面穿绳、皮革条，精致者编制丝绒、饰鋄银铜活而成。

## 杌凳

「杌」原意为树无枝，杌凳专指没有靠背的坐具，用途广泛，常见座面有方形、长方形、圆形、椭圆形、海棠形、梅花形等。杌凳中有一种尺量较大，可供跏趺坐者被称为「禅凳」。

## 坐墩

坐墩与杌凳的差别为其没有明显腿足，室内外都有使用，材质有石、瓷、木等。因多于其上覆盖锦绣织物作垫子，故又名「绣墩」。有一种上下沿有鼓钉，中间鼓腹如鼓者，称之为「鼓墩」。

## 条凳

条凳是一种狭长无靠背的坐具，民间大量使用，因其座面多由独板做成，故又名「板凳」，《清明上河图》中有大量使用条凳的场合。条凳中有一种座面较宽的二人凳，南方称「春凳」。

## 脚踏

脚踏为垂足时落脚的部件，宝座和高椅常用，早期脚踏多和坐具一体。明人已知在脚踏上制滚轴，按摩涌泉穴，缓解疲劳。有的场合，脚踏也有提供人暂坐的功能。

## 椅披

椅披在宋代已是风靡，是将数尺长的锦绣罗缎，搭在有椅背的坐具上，以绳栓在后腿和座面下，直垂至脚踏处。

## 蒲团

蒲团又名『圆生』，多以蒲草编织而成，故名。蒲团为跏趺坐时用具，最便参佛。

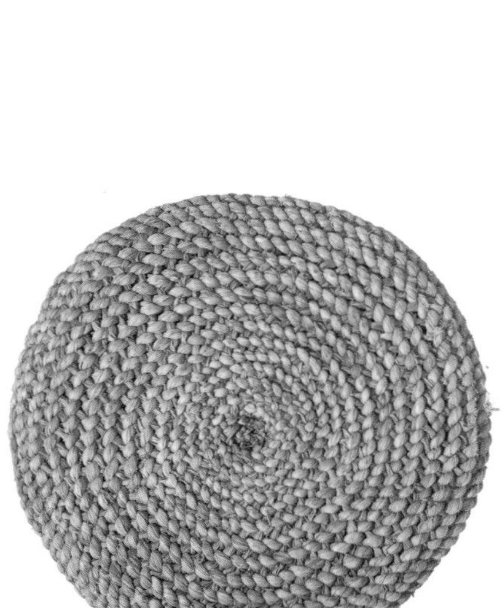

## 凭几

凭几，是席地而坐时代的倚凭用具，最常见的形式是弧面下接三条弯腿，一直到清代还有使用。

## 靠背

靠背又名「养和」、「懒架」，源于席地而坐时偃仰休息所用，后世床榻、炕上见有所设。造型类似无腿的椅子，靠背可以调节高度。

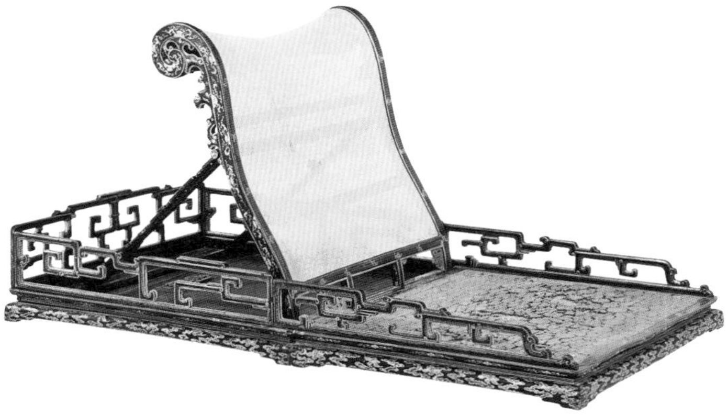

## 迎手

迎手和靠垫、坐褥等，在宝座或大椅上常见，多是在绸缎布匹中填充棉花等软物，使得坐的过程中手、背、臀更加舒适。

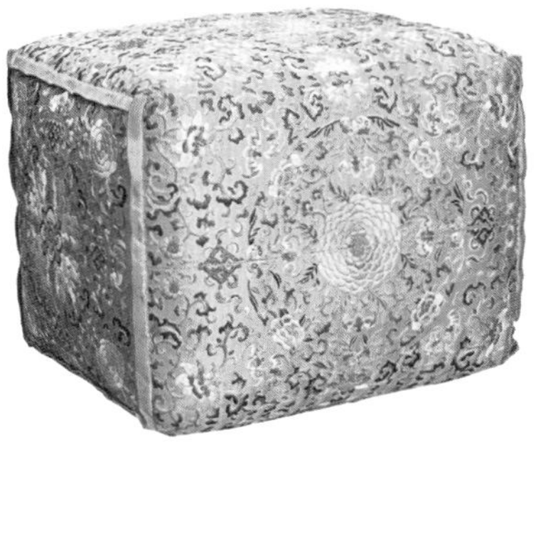

## 锦帕

锦帕罩在坐墩上，舒适华美，绣墩的名称自此而来，很多明清遗留的石墩面上还錾刻着锦纹。

## 搭脑

搭脑，竹器中时有见，传世有单独制的搭脑，卡在椅子靠背上端横枨上，更便倚靠。

## 藤屉

藤屉，即所谓的软屉，有直接穿在坐具上的，也有单独可拆卸的，常见做法一般是以纵横交错的棕绳托住经纬编织的藤席。

坐具除了我们常见的椅、凳、墩等，还有一些少见品种或附属构件，试举几例。
凭几
凭几，是席地而坐时代的倚凭用具，最常见的形式是弧面下接三条弯腿，一直到清代还有使用。
靠背
靠背，又名养和、懒架，是席地而坐时倚仰休息所用，造型类似无腿的椅子，靠背可以调节高度。
蒲团
蒲团，蒲团为跏趺坐时用具，最便参禅。
脚踏
迎手
锦帕
椅披
搭脑
藤屉

# 造诣。

不知格物，何以正心修身？
古人制器，循天地仁和之道，俯仰可察。就如椅子的坐盘边抹、腿足和牙板与建筑的梁、枋、柱、雀替结构……的共通之处，一应可考。从一椅一凳，知空间、人文、历史。

# 坐具目录

# 味外。

空间是物化的留白，抑或礼制的填充？
中国自古就有网罗天地于门户，饮吸山川于胸怀的空间意识。故坐具的陈设，不仅仅是对空间的占据，更是对空间属性的定义，具有礼仪、文化的象征意味。

条凳
坐墩
杌凳

# 第一件

## 紫檀框黄漆百宝嵌花卉纹宝座

长一一〇厘米　宽八三厘米　高一〇八厘米

一八世纪

宝座以紫檀为框，靠背及扶手心板以黄漆为地，上以玉、青金石等镶嵌成各式花卉，以万寿菊为主，尚有石榴、桃、灵芝等吉祥花草。围子背面为剔红锦地。

宝座五屏式，卷书状搭脑，靠背板中高旁低，百宝嵌用材奢华却效果雅致，构图简洁明快，漆地黄中泛赭，如同几幅古画装裱其上。座面冰盘沿光素，仅有压边线一道。束腰上有鱼门洞，以圆点开光界开。牙板宽硕，中垂洼膛肚。内翻马蹄，兜转有力，与一般马蹄有尖脚扬起的做法不同，马蹄上翻处顶端浑圆，形成一种硕壮稳健的效果。下承束腰结构托泥。

座面做法独特，为攒框装软屉，上层为细藤席，下衬白布，往下距离一指许处装木板，这样既有舒适的坐感，又不失稳重。座面底部亦装藤席，其功用不是两面可用，而是封堵不大美观的底部。

此宝座为宫廷用具，造型简洁秀丽、稳重大气，纹饰寓寿意，应为斋、榭、轩等休憩场所所用，从造型看，至晚为乾隆时期制物。硬木框漆心的做法，多为苏州一带工匠所擅。

第二件

# 红木嵌玉双蝠捧璧纹宝座

长九〇厘米　宽五一厘米　高一〇三厘米

一八至一九世纪

宝座以拐子纹攒成三面围子，看面皆打洼。独板靠背高出，搭脑卷书状，上以碧玉嵌相对双蝠，捧一黄白色玉璧，丝绦飞扬，工艺精美。

素混面冰盘沿，束腰下有托腮，牙板平直，下有镂空拐子纹花牙，腿足展腿式，外翻马蹄圆润饱满，腿间装罗锅枨。

宝座装饰华丽，气势稳重，显然出自官宦之家。

# 第三件

## 楸木卷书搭脑椭圆形宝座

长七六厘米　宽六三厘米　高八九厘米

一八世纪

民间称不结果的核桃树木为楸，其实楸树为梓树属。其软硬适中，花纹美丽，富有韧性，不易变形开裂，非常适宜家具用材。

宝座成对，为三围屏式，后背较高，两侧扶手略低。三围屏上端均为卷书状，与围屏的边框一木挖成。围屏攒框镶以厚材，随座面的弧度弯曲，再以走马销固定在座面上。宝座下部以厚重的大材做边抹、牙条、腿足及托泥均光素无饰，只随座面的椭圆形而变化。腿足上下皆格斜肩，以插肩榫与牙条和托泥相接。

注：本书收录家具不乏成对者，皆在文中表明，并不刻意在图版中体现。

# 第四件

## 黄花梨螭龙纹交椅

长六三厘米　宽四五厘米　高一〇一厘米

一七世纪

黄花梨色黄中泛红，包浆莹亮。

交椅样式以明式多见，此件亦然。椅圈五接，榫接处有白铜活加固，扶手外撇，略呈鳝鱼头式。『C』形靠背板，两侧雕有小角牙，靠背处有如意形开光，内铲地浮雕双螭，尾巴卷为塔刹纹，雕工娴熟，线条圆润可爱。座面前大边略做成小壶门式，中间有卷草纹雕饰，两边雕相向而行的螭龙。座下脚踏简素，插肩榫结构，中间挖壶门牙板。

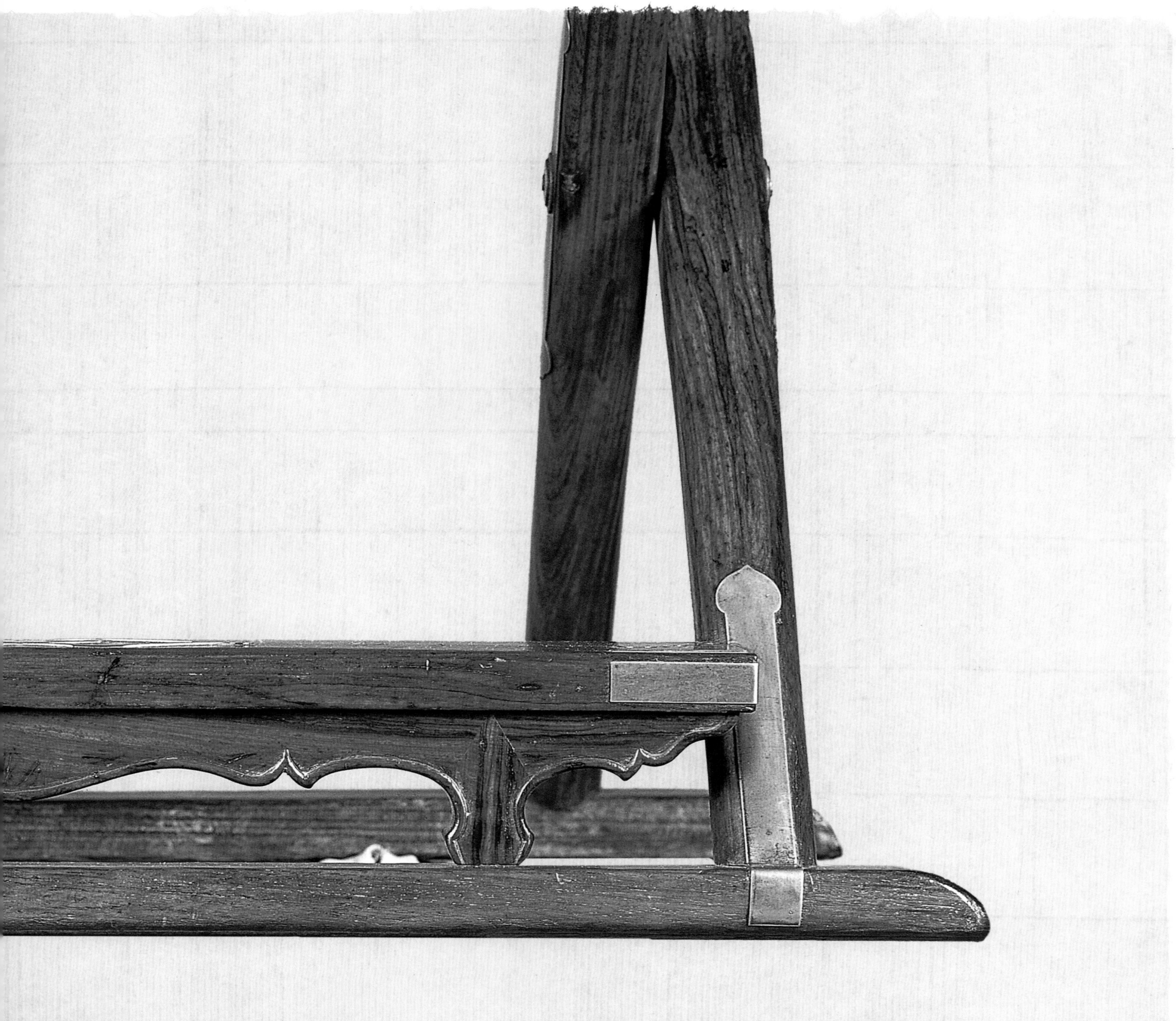

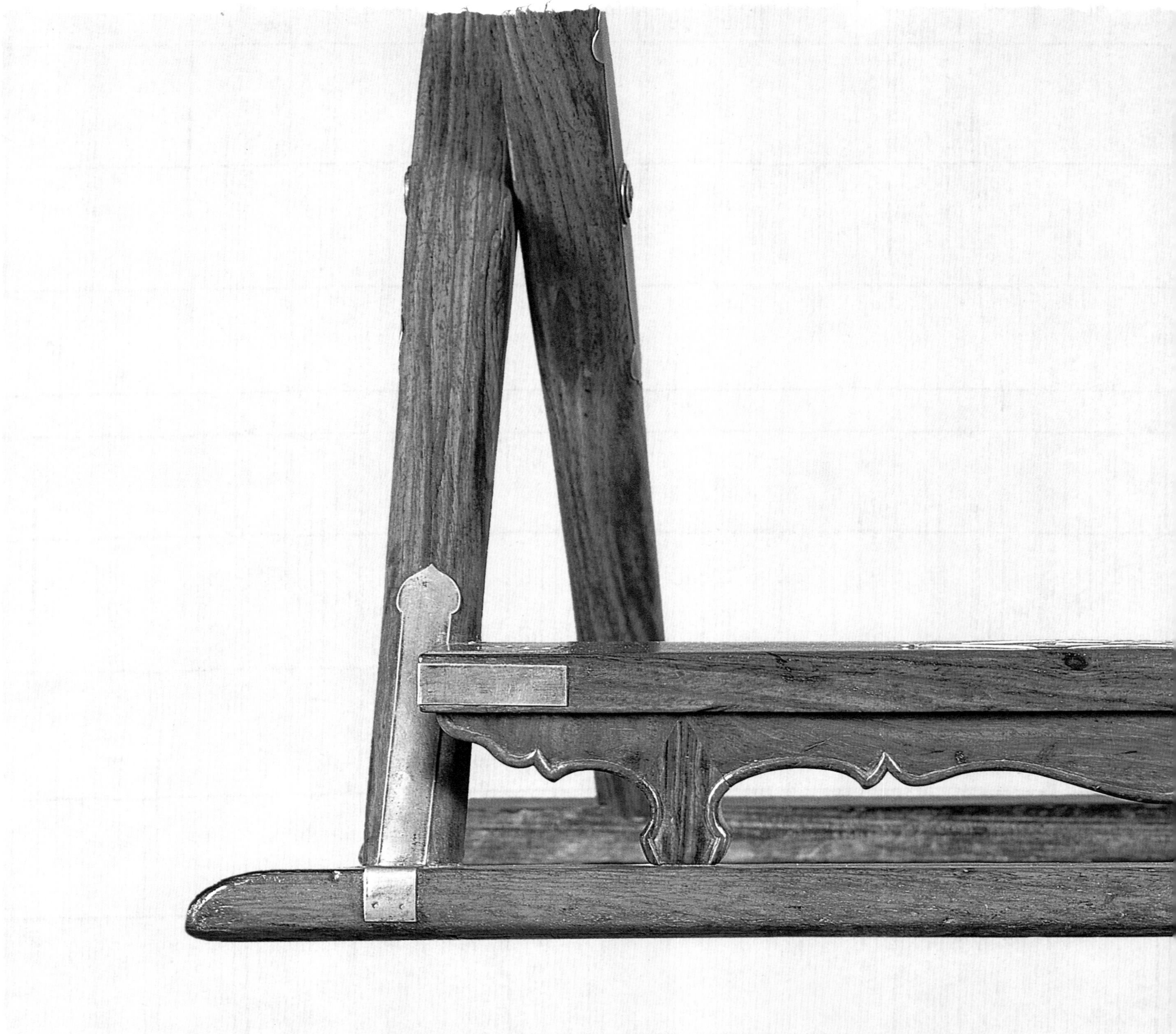

第五件

# 黑漆描金花卉纹交椅

长六三厘米 宽四五厘米 高一〇一厘米

一六至一七世纪

交椅以杉木为胎，髹黑漆，漆色黝黑纯正，上有描金及红漆彩绘。

交椅圆靠背，弧度流畅，至扶手处外翻卷珠状，有两片花叶相抵。靠背板三攒，上段如意形开光，周围有描金折枝花卉纹；中段红漆描绘梅花数枝，灿烂开放，点缀鸟雀、蜂虫；下段装刀牙板，起阳线。交椅后腿弯折近直角，较后期为大，显示其为较早时期制物。脚踏开壶门，卷叶腿。

此交椅黑漆保存基本完好，造型舒展大方，为明代或清早期制器。

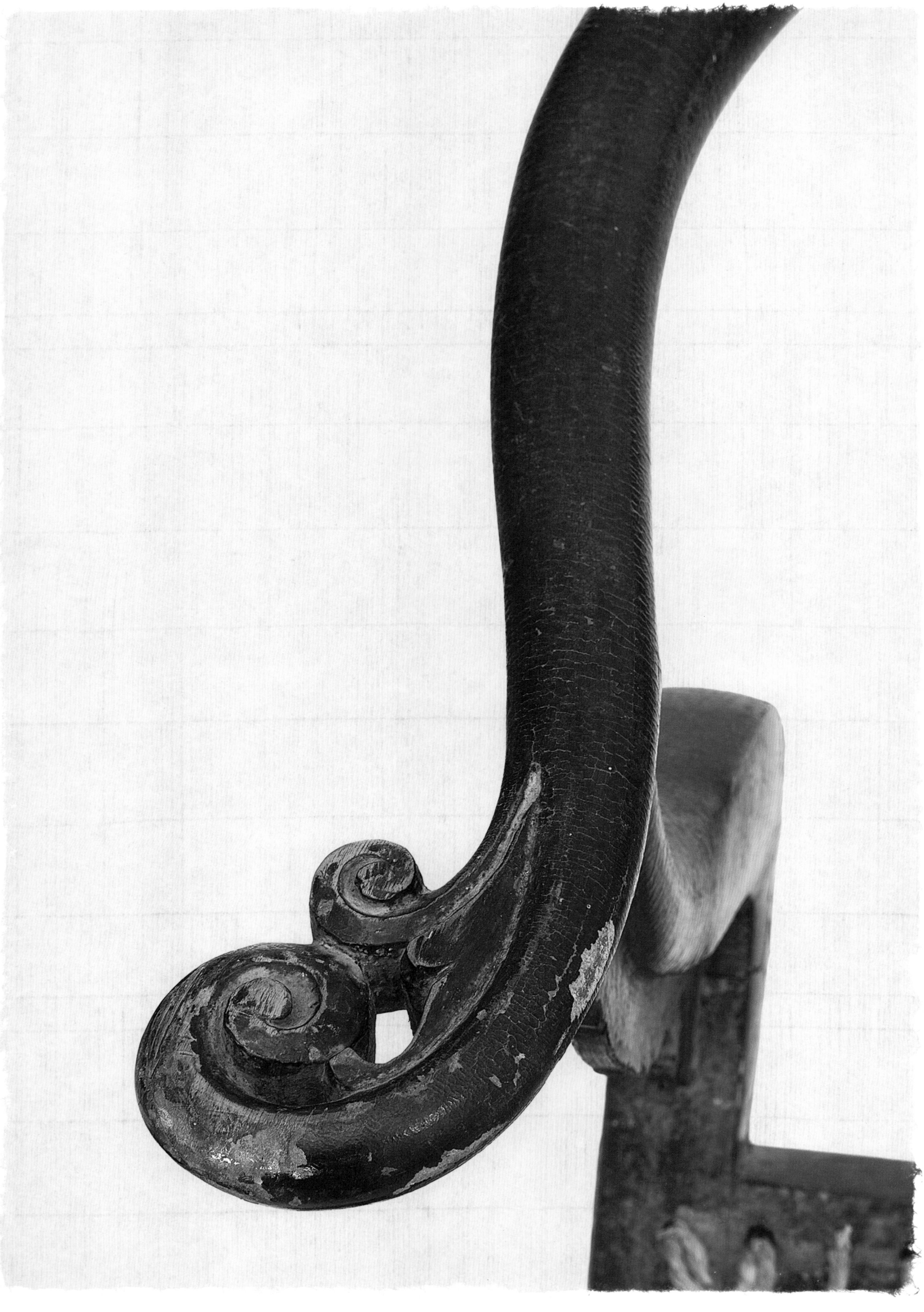

## 第六件

# 黑漆交椅

长七二厘米　宽五九厘米　高九九厘米

一六至一七世纪

交椅造型简洁，椅圈扶手处为卷珠状。靠背板三攒，上为如意形开光，造型扁矮朴实，中段镶黑漆素板，亮脚为刀牙板。此椅除转轴外不使用金属构件，与所见传世黄花梨交椅不同。

此件交椅有两处特征显示其为早期制作，一则在于扶手出头卷珠做法，这在传世明代家具中最为多见，清代家具扶手出头多为鳝鱼头状。二则在于后腿不用金属构件，弯折小，也是早期家具特征。另外，靠背板上扁矮如意开光的风格，也具明代韵味。

此交椅出自华北，各部分比例恰当，是一件成功之作，能够流传数百年而屹立不倒，也证明其结构之合理性。

## 第七件

# 黑漆交椅

长五五厘米　宽四九厘米　高九七厘米

一七至一八世纪

交椅以槭木为胎，薄髹黑漆。

此椅结体，本是直靠交圈椅样式，但是变直搭脑为半圆形，并延伸至前，其下承以鹅脖，交在后腿上。交椅多用细材，甚至靠背板也是窄窄一条，概为减少重量，便于携带之故。

这种造型交椅，介于直靠背和圆靠背之间，极为少见，但结构还有可取处，一则圆椅圈较直靠背更为舒服，二则直后腿比一般圆靠背交椅弯折前腿更牢固一些。

## 第八件

# 黑漆交椅

长五六厘米　宽四〇厘米　高九七厘米

一八世纪

交椅以榆木为胎骨，髹黑漆，发细小断纹。

以往所见直靠背交椅，多是搭脑两端出头，此交椅搭脑两头以烟袋锅榫与后腿相接，这是南官帽椅常见做法。搭脑略呈牛头状弯曲，『S』形靠背板曲线拿捏到位，再加上黑漆的素雅效果，颇有几分文气。

交椅之用，在于便携，多为出行、游猎所用，以气势见长，如此椅秀气者少见。

第九件

# 榉木交椅

长五六厘米　宽四〇厘米　高一〇六厘米

一八世纪

交椅以榉木为材，细腻坚实。

此椅造型极简，直搭脑，素靠背板略有弧度，有压边阳线，座面前大边上有开光，内浮雕卷草纹。交椅造型简而做工细，体现了苏作家具高超的制作水平。

第一〇件

# 红木花梨木交椅

长一五八厘米　宽六二厘米　高一一五厘米

二〇世纪

此椅为红木和花梨木做成。

靠背横棂格式，扶手扁长，座面下凹，为双排棂格，前后腿交叉为交杌样式，前腿前有攒格板一块。此椅各部分以铜活连接，有轴，立可为椅，若是搬动靠背后倒，则可变为躺椅，颇有意趣。

第一一件

# 榆木卷草纹联排交椅

长一一六厘米　宽四一厘米　高一〇二厘米

一六至一七世纪

交椅为两件联合而成，原有薄黑漆，掉落颇多。交椅直搭脑，下有荷叶斗拱相承，靠背板三攒四格，上部有卷草牙板；中部为并置的剑环式开光，边沿高起阳线；下有壶门牙板，两端云头尖如鸟喙，很显精神。靠背横竖材皆起剑脊棱。脚踏为壶门牙板，腿足三弯式。此椅的雕刻刀法利落，整体造型轻盈有力。

无论从结体方式还是局部装饰手法看，此椅都属典型晋作家具。

第一二件

# 黑漆卷草纹联排交椅

长一九六厘米 宽二六厘米 高九〇厘米

一六至一七世纪

交椅榆木所制，有薄薄一层黑漆残余。

直搭脑，委角方材，下有荷叶状斗拱，枨子将靠背板横向界为六部分，上下三攒，各式鱼门洞开光交替镶嵌，雕卷草纹饰，其中两边往中间第二件绦环板生出变化，一外凸，一内凹，较为少见。下有八足、两两相交，承于托泥。有趣之处在于荷叶斗拱上分雕「存」、「心」、「忍」、「耐」四字。

联排交椅可供多人并坐，应为大场所用，以山西最为多见，往往出自庙宇寺观。

## 第一三件

# 紫檀如意纹圈椅

长六七·五厘米　宽六三厘米　高一〇五厘米

一七世纪

圈椅成对，以上好紫檀木制成。椅圈圆转，扶手末端外翻如卷珠，与常见的鳝鱼头做法有别。扶手下有角牙支撑。联帮棍曲线柔婉。「C」形靠背板上浮雕双螭，头尾相连，组成如意纹，刀法圆润娴熟。椅盘边抹素冰盘沿，其下正面装壶门券口，起阳线，两端翻花牙，略成拐子纹，中间亦为相背的拐子纹。侧面装洼膛肚牙板。腿间连以步步高赶枨。

此器堪为圈椅标准制式，各部分比例拿捏到位，气韵平和自然。

# 第一四件

## 黑漆圈椅

长五八厘米　宽四八厘米　高九二厘米

一七世纪

圈椅榆木为材，髹黑漆，漆灰厚实，斑驳苍桑。

此椅造型为圈椅中极简者，几字形椅圈，『C』形素靠背，省去联帮棍，大『S』形鹅脖退后安装，远大于常规尺度，竟退至座面抹头中间。座面做成冰盘沿，下有洼膛肚券口，弧度自然，有轻盈之感。四腿间有步步高赶枨。

此椅风格古朴，造型别致，较为少见。

第一五件

# 核桃木螭龙纹圈椅

长五八厘米　宽四五厘米　高九七·五厘米
一八至一九世纪

核桃木为北方民间家具用材中较好者，多有山岚起伏般纹路，细腻整洁。

此椅成对，造型简洁，具明式家具风骨。椅圈三接，扶手末端浅浮雕卷叶纹。三弯靠背板上委角方形开光，内浮雕螭龙纹。鹅脖退后安装，联帮棍曲度柔婉，座面原有软屉，已佚。腿足为方形，靠近券口牙板一侧做委角。腿间装素牙板，窄而秀，下有前后低赶枨。

此对圈椅用材为北方常见，但扶手末端的卷叶装饰及腿足的方材委角做法却又是苏作家具惯用手法。北材而南工，概与工匠的迁徙或商品流通有关。

# 第一六件

# 榆木圈椅

长五九厘米　宽四六厘米　高一〇〇厘米

一七世纪

圈椅成对，榆木制，尚有黑漆斑驳。

此椅鳝鱼头式扶手，靠背板三攒，上为如意形开光，中段素板，下有卷草纹亮脚牙板。联帮棍曲线柔婉。鹅脖退后安装。座面素冰盘沿，前腿间素券口，狭窄秀丽，起阳线。四腿间有前后低赶枨。

此椅整体造型清秀，细节处理到位，透露出几分雅致，其制作年代下限应该在清中期。

第一七件

# 榉木螭龙纹圈椅

长六八厘米　宽五〇厘米　高九六厘米

一八〇五年

圈椅以榉木为之，色黄，纹路流畅，质地细腻。

圈椅造型简洁，「C」形靠背板上有圆形开光，铲地浮雕螭龙纹，下有亮脚。椅圈三接，扶手出头处略楞。座面素混面，平镶板心，下有壶门券口，曲线流畅。座面下的穿带上以红漆楷书「嘉庆乙丑杏月办用」，为确切的制作年款。

此圈椅用材略硕，有明确纪年款，从造型判断，典型明式，初看有清代早期家具风格，但以纪年款为依据，知为清嘉庆时物，可以试作一分析：圈椅用材已有笨重之感，靠背板弧度趋于呆直，联帮棍曲度又过于夸张，券口牙板也略宽，整体感觉拘谨，较清秀隽永的明式家具还有一定差距，但这些都是毫厘之间事。古家具的断代需要多方面综合考虑，此物可为一证。

## 第一八件

# 榉木『卍』字纹圈椅

长五四厘米　宽四三·五厘米　高八七·五厘米

一八世纪

圈椅以榉木制成，造型清秀。

椅圈三接而成，曲线柔婉，至前端缩小出头，更显小巧。扶手下联帮棍曲线流畅。靠背板三弯，上有圆形开光，内透雕变体『卍』字纹。椅盘边抹素混面，有双压边线，座面下券口极其空灵，正中为对翻卷草，两侧有轻巧花牙上翻，宽度不过一寸。四腿间以步步高赶枨连接。

此椅造型简约而轻巧，且以榉木为材，都显示其为苏作佳品。

## 第一一九件

# 黑漆麒麟纹圈椅

长五九厘米　宽四六・五厘米　高九七厘米

一八至一九世纪

圈椅通体髹黑漆，椅圈三接，扶手曲度甚大，向两端翻出后又后弯，如此做法少见。靠背板三攒，上段圆光内镂雕图案，树下卷几，上陈书卷；中段方形开光，一麒麟卧于山石之上，回首望月；下段亮脚牙板以卷云纹装饰。座面边抹素混面，正面装券口牙板，洼膛肚式，上浮雕倒垂蝠纹，两侧牙条上有花牙上翻，四腿间横枨前低后高，侧面以双枨连接。

此椅为山西地区制作。

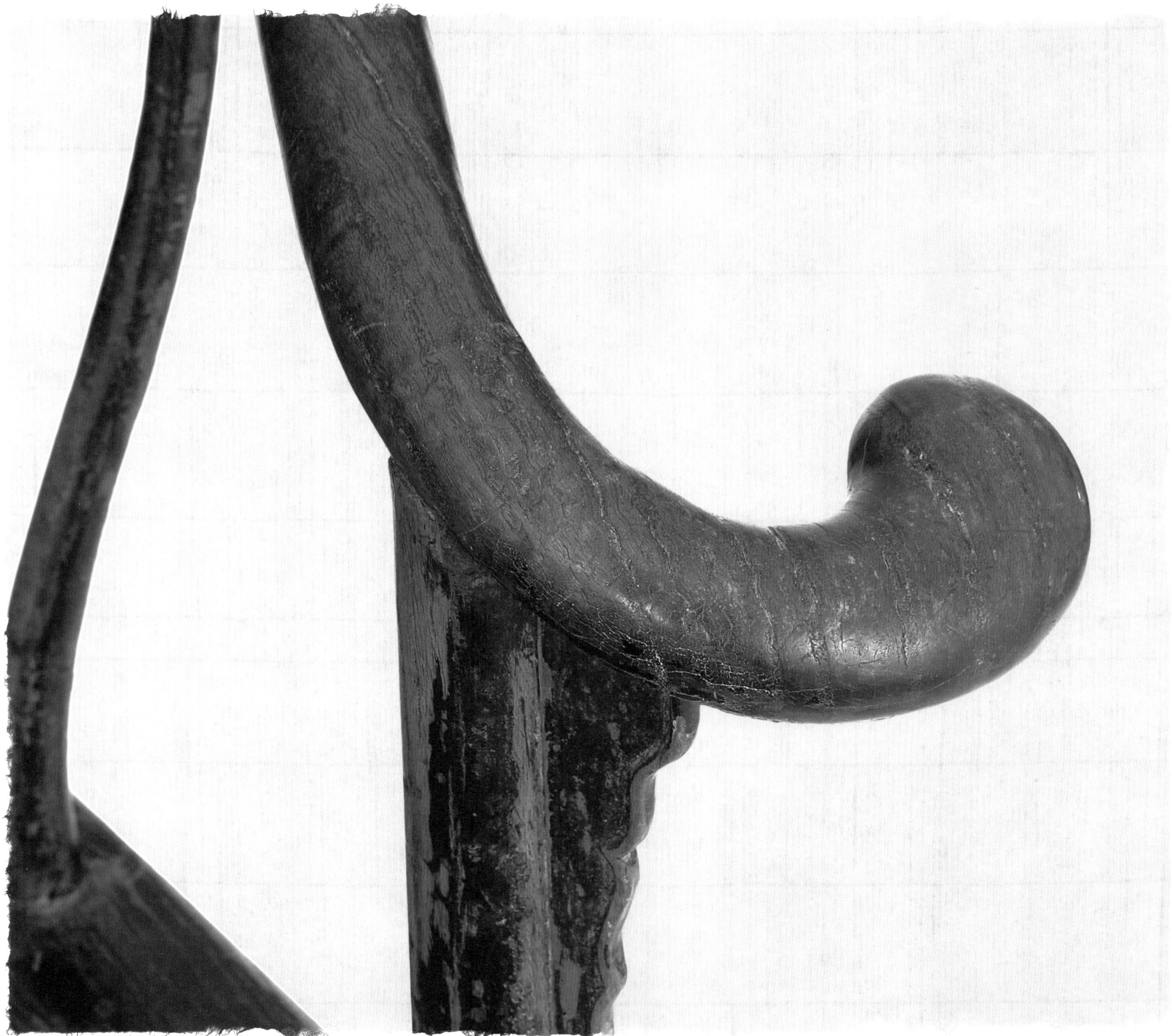

## 第一二〇件

# 黑漆螭龙纹圈椅

长六一厘米　宽四八厘米　高一〇〇厘米

一七世纪

圈椅成对，榆木胎，髹黑漆。靠背板浮雕夭矫螭龙，其上雕云纹一朵，灵气顿生，是点睛之作。前腿及鹅脖下有通长牙条，联帮棍曲线自然律动。座面冰盘沿，其下正面及两侧下有仿竹材的弯折牙条，以双环卡子花及矮佬抵住座面，脚踏下亦为罗锅枨矮佬结构。四腿间步步高赶枨。

此椅出自山西，造型简洁，装饰合理大方，因座面下罗锅枨矮佬结构，具节奏感，是一对成功的作品。

# 第二一件

# 黑漆麒麟纹圈椅

长六八·五厘米　宽六三·五厘米　高九七厘米

一六世纪

圈椅七件，榆木为材，外饰黑漆，漆质较薄，呈牛毛断、小蛇腹断。

扶手三接，靠背横竖材起剑脊棱，最上部为如意形开光，中间麒麟纹花板，上下为剑环式开光内嵌骨，下部亮脚。「C」形或「S」形联帮棍，前后腿上沿皆设成对挂牙，垂至椅面，中上段雕有卷草。椅面冰盘沿上打洼，下起凹线，隐见棱角。椅面下四周皆为高拱罗锅枨顶刀牙板的做法，这在椅具中较为少见。管脚枨为步步高式。

麒麟纹饰的头部特征，与明代晚期龙头部特征极其相似。再考量「C」形或「S」形联帮棍、通长挂牙、高拱罗锅枨等特点，无不证明这是一组制作于明代晚期的椅具。此套椅具出自山西。

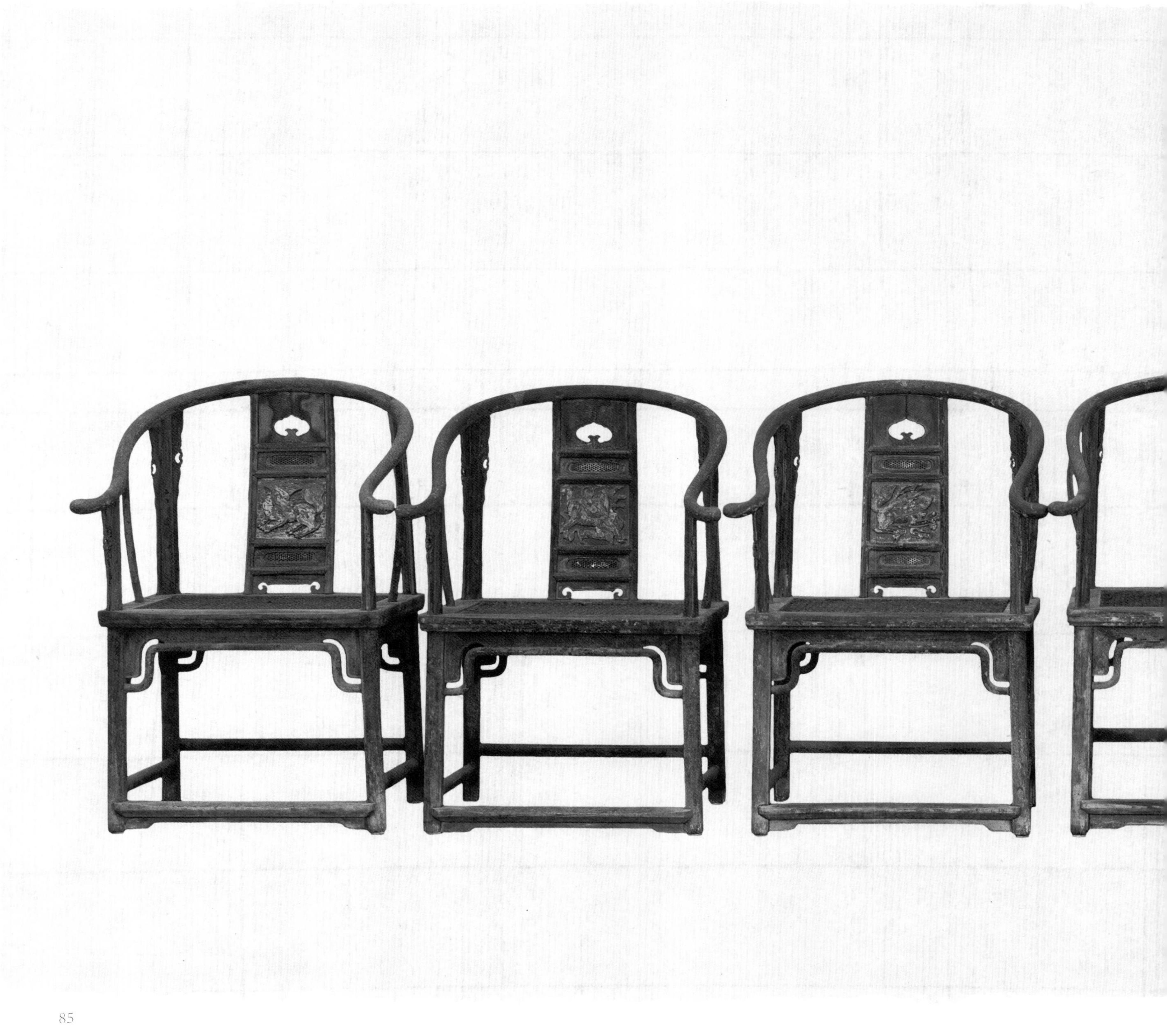

第二二件

# 黑漆圈椅

长五七·五厘米　宽四七厘米　高九七厘米

一七世纪

圈椅通体披麻挂灰，髹黑漆，漆厚灰薄，色泽纯正，略成牛毛断纹。

椅圈三接，不出头，俗称『抹头圈椅』。椅圈与鹅脖斜角榫接，扶手弧度柔婉。『S』形靠背板，弧度颇大，坐靠其上，手臂随扶手自然下垂，舒服自然。座面边抹为素混面，座面下前为壶门状券口牙板，起阳线，其余三面为刀牙板，腿间装步步高赶枨。

不出头圈椅鹅脖一般做成直的，唯独此椅，做出一个小波折，也正是如此，使得整个椅圈的曲线至此圆滑过渡，与前腿连为一体，具柔婉之态。

第二三件

# 黑漆小圈椅

长四二厘米　宽二九厘米　高六〇厘米

一八至一九世纪

圈椅以榆木为胎，髹黑漆。

此椅制式小而矮。椅圈扶手处圆润可爱，素靠背板，有『S』形联帮棍，椅面攒心板，素冰盘沿，有压边线。

此椅造型圆润可爱，做工细致，小而精，为儿童用椅。椅圈扶手处收口甚多，概此等儿童用具，内收的扶手便于卡住坐在上面的小主人，安全性更高。

第二四件

# 黑漆博古纹圈椅

长五〇厘米　宽三五·五厘米　高七六厘米

一八至一九世纪

圈椅髹黑漆，局部为红漆或金漆。

此椅小巧可爱，结构稳固。扶手处外翻卷珠，靠背板铲地浮雕博古纹，主纹为一插花花瓶。座面冰盘沿收进甚多，面下有螭龙纹绦环板，横枨下为宽厚牙板。

第一二五件

# 黄花梨镶大理石刻诗文四出头官帽椅

长六三·五厘米　宽六六厘米　高一一九厘米

一七世纪

官帽椅成对，尺寸硕大，安舒自然。

搭脑牛头式，大曲线向后扬。『C』形靠背板，三攒而成，上部镶大理石，一若远山含黛，一若春山葱茏；中部平镶瘿木，阴刻诗文，一刻王献之《舍内贴》，另一刻明人徐守和的题跋一段，刻工娴熟，运刀如笔，显现书法神采；下部亮脚，装壶门牙板，边起柔韧阳线。扶手曲线适度，三弯联帮棍，鹅脖退后安装。椅盘边抹泥鳅背式，上下压边线。座面下三面装券口牙板，壶门式，大曲线，两侧牙条翻花牙。腿间以步步高赶枨相连。

此椅结体平实，气势稳健，各部位比例把握得当，镌刻诗文为最经典处，是观赏价值和研究价值极高的椅具。

注：《舍内帖》一九字，为：『白承舍内分连近豫，遂就，难以喻痛济理，献之白。』传为王献之墨本法书，真伪待辩。《宣和画谱》已有著录，曾为伪满『奉天博物馆』收藏，后下落不明，今只有影像可见。徐守和为明崇祯时人，本处所刻为徐守和在《舍内贴》后的题跋，是对该帖的注解，即『古肥未得元常髓，今瘦徒窥子敬皮。「连近」二波毫带砍，「献之」三折捺藏锥。「承」筋「济」骨开颜面。「遂」险「难」平启素规。宝墨聚星唯十九，中含万象照临池，立春日展观赋此，守和。』该跋书写时间在崇祯十五年之后。

第二六件

# 榉木四出头官帽椅

长五三·五厘米　宽四七厘米　高一〇七厘米

一七至一八世纪

四出头官帽椅为坐具中常见样式，形式多样，装饰多样，然以此类造型最为经典。此椅结构简约至极，通体无一处结构多余，不做任何装饰，全靠律动的曲线和协调的比例，得益于工匠的高超手艺。这种造型的椅子，是苏作家具经典款式，黄花梨、榉木为材者居多。

# 第二七件

## 榆木四出头官帽椅

长六一·五厘米　宽六一厘米　高一二一厘米

一六九九年

此椅以榆木制成，原有黑漆，掉落殆尽。

高靠背，搭脑牛头式，与常见官帽椅搭脑不同处在于两端上扬后又略下垂，扶手出头处外撇后又向内弯折，这种做法为官帽椅增添了几分装饰效果，更有古代官帽𫘧头意味。鹅脖退后安装，不设联帮棍，这是较早期椅具特征。素靠背板，椅面攒框装板，上铺藤席。椅面接近正方，不同于一般椅面长方的做法。素混面冰盘，前有壶门牙板，曲线流畅柔婉，不失弹性。四腿间有步步高赶枨。

椅座面板下黑书『康熙叁拾捌年孟夏制椅……』，制作时间确凿。从其明式造型及磨损程度综合判断，也符合清代早期风格，可为家具断代之参考。此椅出自山西。

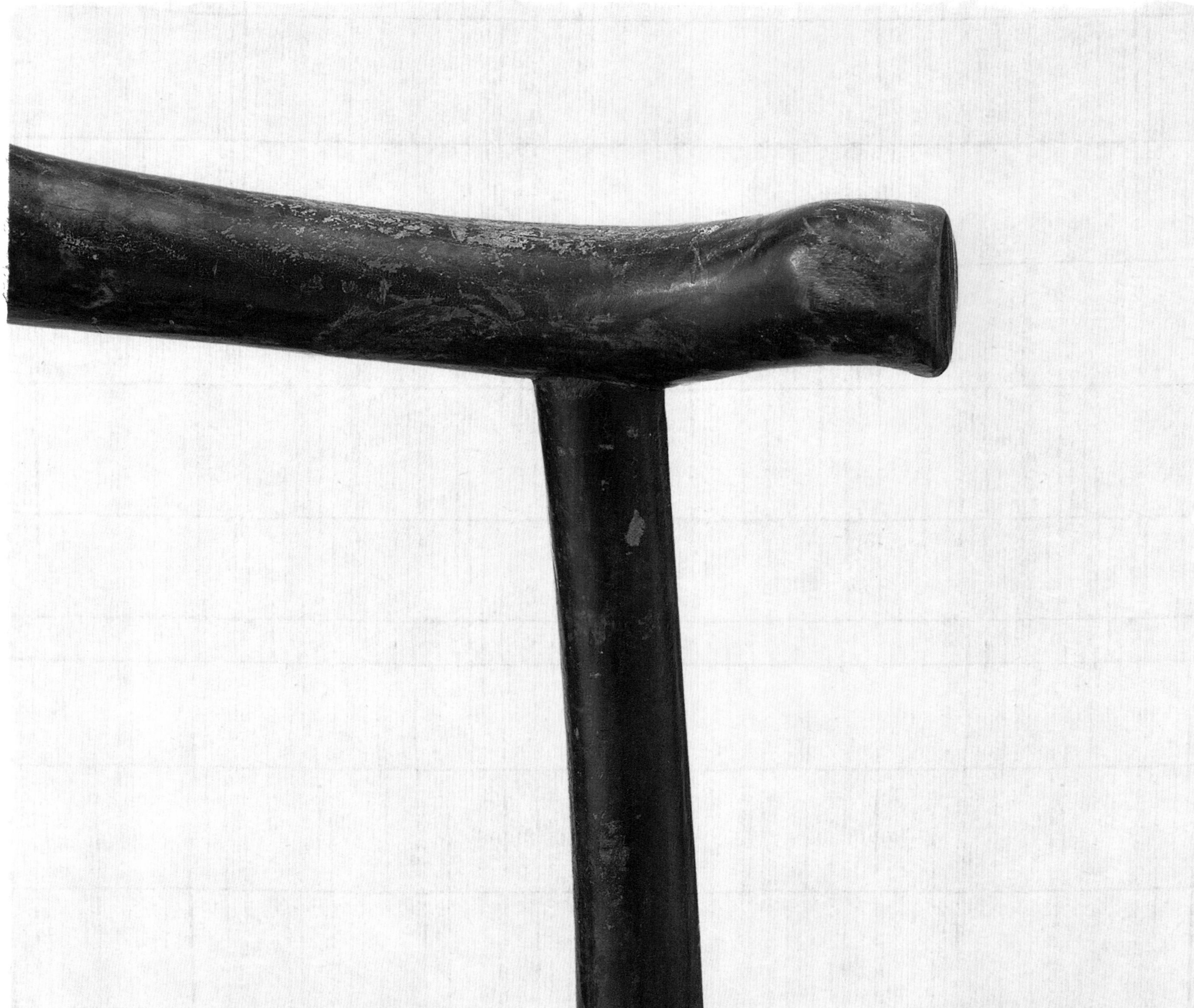

## 第二八件

# 榆木四出头官帽椅

长六六厘米　宽六五厘米　高一二三厘米

一七二三年

此椅造型风格与本书第二七件康熙款四出头官帽椅颇类，只是搭脑两端上翘，座面下壶门由山字形变成人字形，整体感觉曲线更加柔美。椅座面下有墨书『雍正元年□七月』款。

民间家具的使用有很强的延续性，不会因为朝代更迭而迅速改变，这两件家具风格趋同，一制于康熙年间，一制于雍正年间，为研究清代早期家具特征提供了素材，但两者深层次的区别，尚有待更多实证的发现。

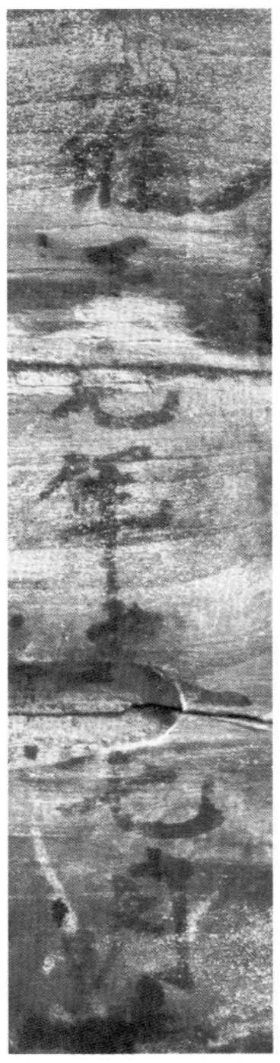

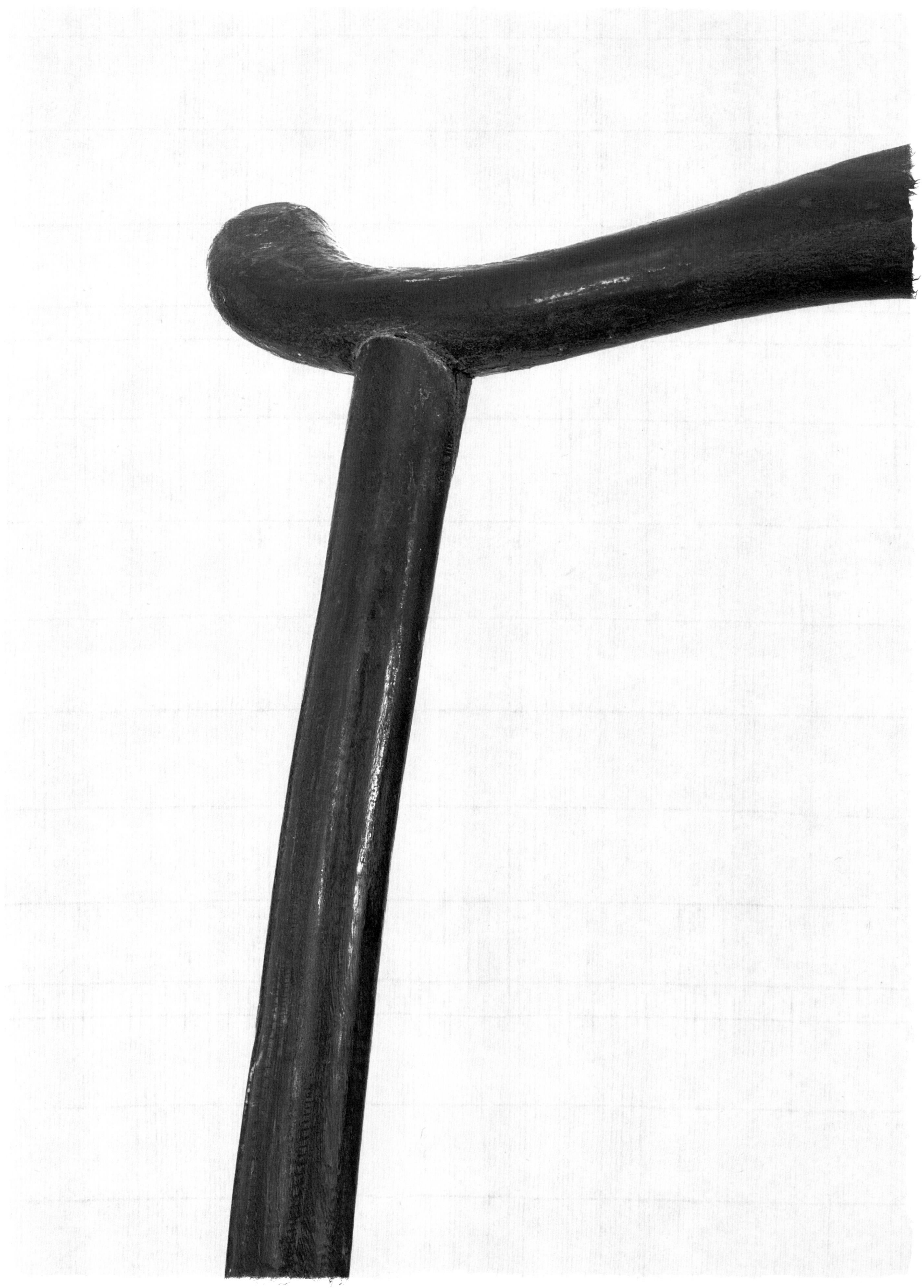

## 第二九件

# 榆木四出头官帽椅

长五三厘米 宽四二·五厘米 高一〇八·五厘米

一七世纪

官帽椅成对，以榆木制成，用料阔绰。

椅搭脑圆材驼峰式，弧度律动自然，与扶手呼应。靠背板异常宽厚，为椅增几分厚重。直前腿及联帮棍，素混面椅盘，四面装券口牙板，起阳线。腿间以前后低赶枨相连。

此椅四面装券口牙子，『C』形独板靠背宽阔，以后腿间枨下尚有牙板，都是较少见的做法。

# 第二〇件

## 红漆四出头官帽椅

长六六厘米　宽六五厘米　高一一三厘米

一七世纪

官帽椅以榆木为胎，通体披麻髹红漆，漆灰厚重，因年代久远，除了靠背板后侧等局部保存尚好，能见小蛇腹断外，其他地方则不均匀分布残漆，发断或如梅花，或如冰裂。

牛头式搭脑，中间较宽，三弯靠背，扶手弧度柔婉，与联帮棍呼应，座面下券口牙板，腿间步步高赶枨。此椅造型委婉，乍看似南官帽椅，其实搭脑扶手皆出头，只是挑出甚少，在有意无意之间。如此做法，首先比南官帽椅以烟袋锅榫结构更为结实，其次又不会像四出头官帽椅那样气势外显，显示了匠师在制作过程中高超的把握水平。

# 第三一件

## 榆木四出头官帽椅

长五六·五厘米　宽四四·五厘米　高九三厘米

一七世纪

此椅搭脑牛头式，下接直后腿，『C』形靠背板上有开光，上为圆形，下为方形，体现古人天圆地方之宇宙观，开光皆小巧可爱。座面冰盘沿下压边线，椅面下装刀牙板，与整体简洁明快的风格一致，腿间有步步高赶枨连接。

此椅体现出一种轻盈秀丽的感觉，尚有宋代家具遗韵。

# 第三二件

## 榆木麒麟纹四出头官帽椅

长六二厘米　宽四九厘米　高一〇四・五厘米
一八世纪

官帽椅以榆木为之，上擦薄漆。

牛头式搭脑向后翻转，与后腿连接处内外皆有挂牙。靠背板三攒而成，上段透雕如意云纹开光；中段圆光内深浮雕麒麟纹，麒麟挺胸回顾，矫健有力；下段亮脚为壶门式。扶手前低后高，便于手臂搭扶。腿足扎实稳健，冰盘沿下正面装券口牙板，牙板壶门曲线弧度自然，其他三面装刀牙板。前后腿间以双枨连接。

# 第三三件

## 黑漆描金麒麟纹四出头官帽椅

长五八厘米　宽四五厘米　高一〇三厘米

一八世纪

官帽椅成对，大水牛头式搭脑。靠背三攒，上部如意形开光内透雕卷草纹饰；中段描金饰镂雕麒麟纹，麒麟昂首挺胸，一副欢乐姿态；下段为剑环式开光，内有海棠花雕饰。

座面下壸门券口牙板，曲线流畅自然。腿间装步步高赶枨。

此椅出自河南，造型舒展，尤其是高拱的搭脑尚有宋代家具遗意。

第二四件

# 黄花梨四出头官帽椅

长五六厘米　宽四八厘米　高九三厘米

一七至一八世纪

此椅成对，以黄花梨为材，皮壳老辣，保存完好，几无修配，即所谓原装。

椅子造型颇类玫瑰椅，靠背较矮，不设靠背板，仅有两根上小下大的竖枨，空灵至极。直扶手，联帮棍和鹅脖微弯曲。椅面原为软屉，边抹素混面，下有罗锅枨矮佬，腿间安装步步高赶枨。

此椅造型少见，整体感觉浑圆一体，黄中泛红的皮壳在北方家具上常见。

第三五件

# 柏木梳背四出头官帽椅

长八六·五厘米　宽四五·五厘米　高八五·五厘米

一八世纪

此椅以柏木为材，取其木质细腻、整洁干净。矮靠背，搭脑、扶手下皆装棂格，座面边浑圆，下有秀气刀牙板，四腿间装前后低赶枨。

此椅尺寸宽阔，造型扁矮，呈现出一种稳重效果，梳背式做法使得其颇显轻灵。以尺寸论之，此椅将近宝座。

# 第三六件

## 黄花梨南官帽椅

长五七·五厘米　宽四一·五厘米　高一一一·五厘米

一七世纪

椅为黄花梨木制，难得成对。

搭脑近似平直，微向后突出，两侧浑圆，中间则修削出三角形的台檐，与背板相衔。背板光素，呈单弯的『C』形，有明显的收分。扶手直，圆材，前端以烟袋锅榫与鹅脖相扣，扶手下安净瓶式联帮棍。

座面冰盘沿下端敛入，至底踩边线。边抹攒框，藤编软屉。四腿八挓，方形委角，腿间四面安洼膛肚券口牙板，落于水平的管脚枨上。

# 第三七件

## 黄花梨嵌百宝花鸟纹南官帽椅

长六二厘米　宽四七厘米　高一一八厘米

一七世纪

南官帽椅背板镶嵌花鸟纹饰，因年代久远而缺失，但残留的轮廓依然清晰，构图简远，意境宁静，有宋画小品遗意，定是出自名家手稿。椅子搭脑及扶手均以大料锼挖出曲线造型，烟袋锅榫的高度超乎寻常。背板、扶手、联帮棍曲线优美，极富动感，与座面下的平直牙板形成鲜明的对比。此椅各个部位处处用心，比例极佳，造型稳健峻峭，出类拔萃。

椅材质珍贵而工艺上乘，非高手不能为，是典型明末清初苏作家具。所见此类南官帽椅凡十数件，以工手论之，多不及此件。

百宝嵌工艺又名「周制」，相传为明代嘉靖时人周翥所创。是指以玉、珀、象牙、螺钿等为材，雕刻山水花鸟人物等，镶嵌于木器或漆器之上。

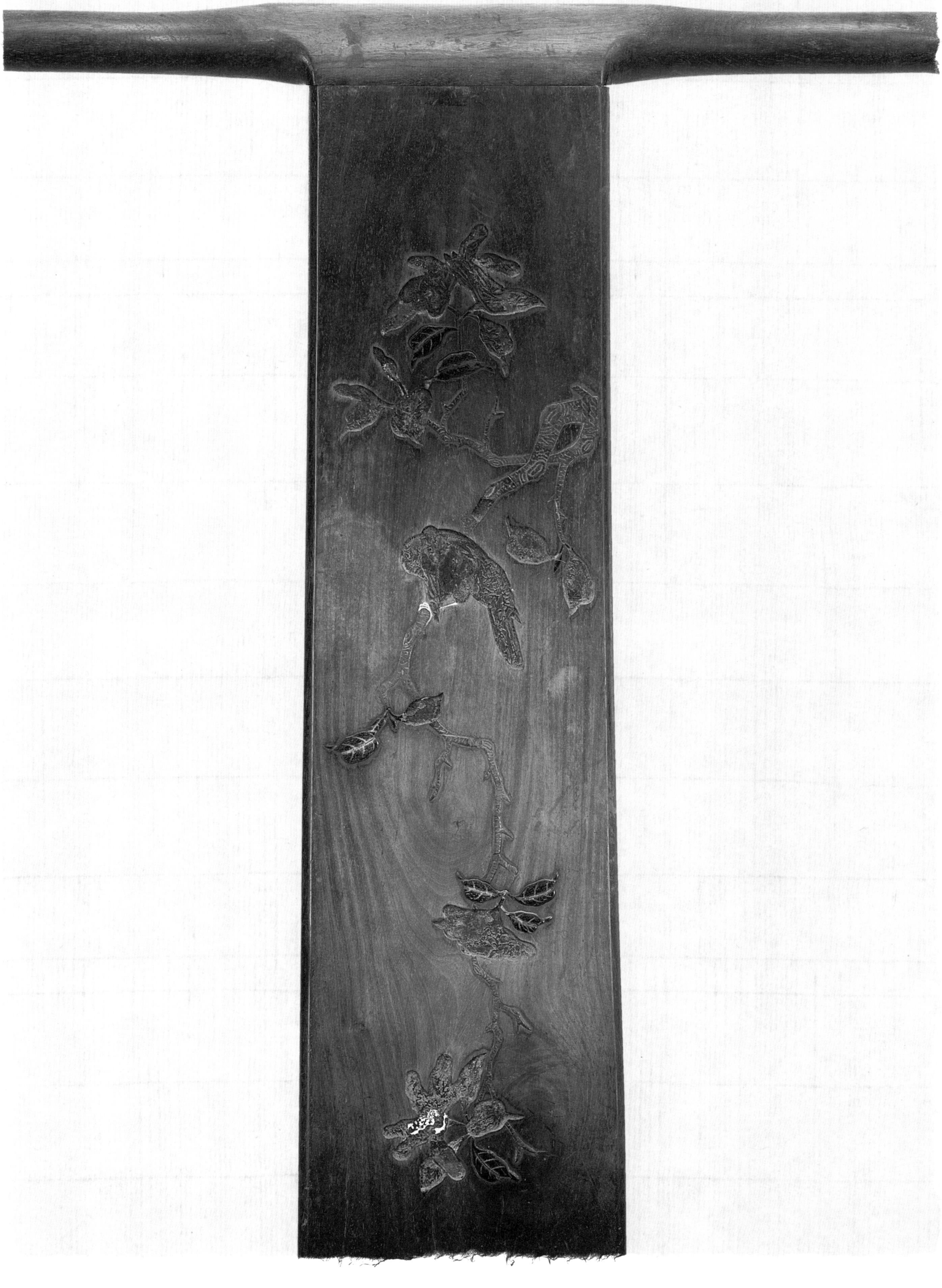

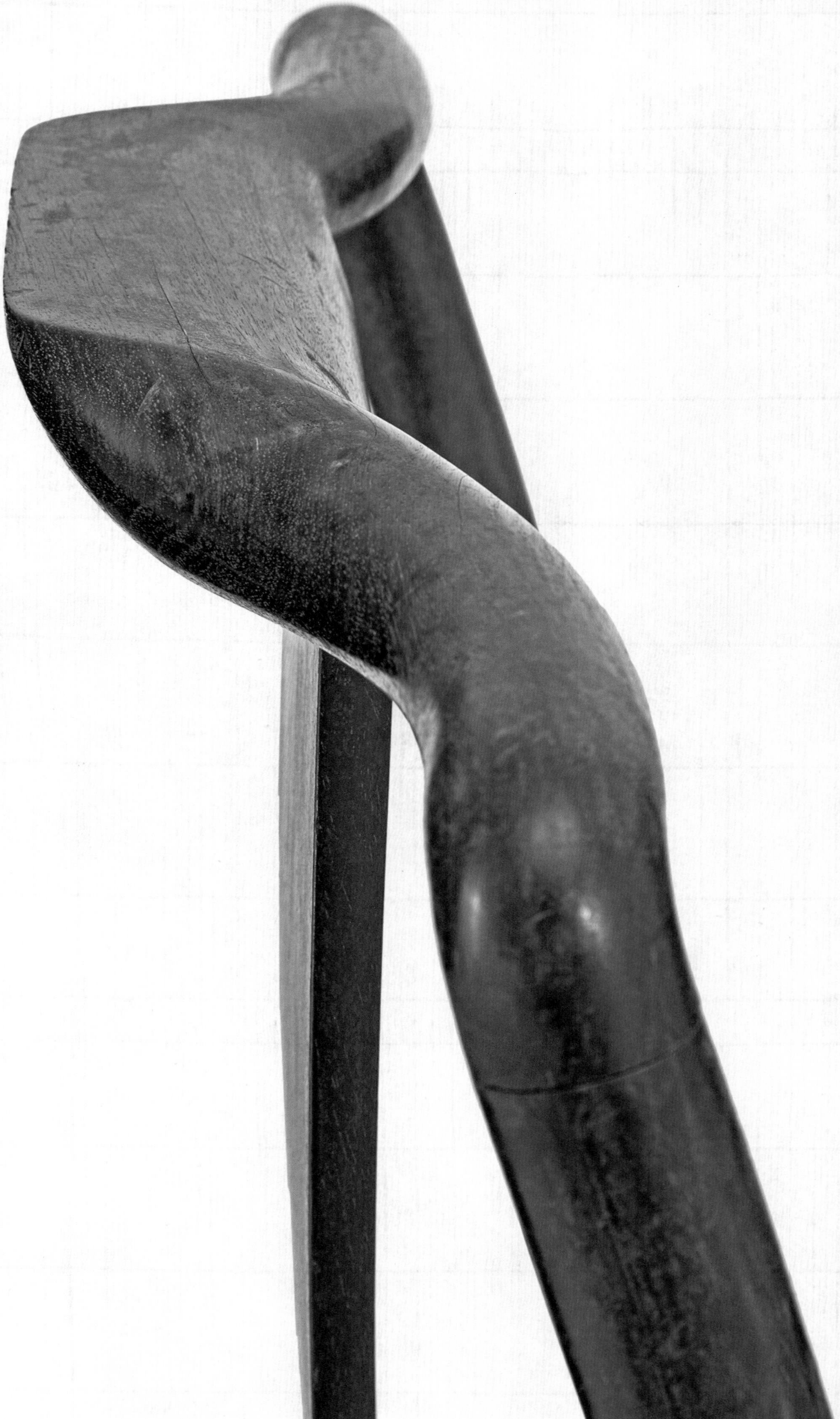

## 第三八件

# 铁梨木南官帽椅

长五六·五厘米 宽四五·五厘米 高一一七·五厘米

一七世纪

南官帽椅成对，为铁梨木制作，包浆莹润。

椅子搭脑曲线流畅，三弯背板光素。扶手蜿蜒有致，以烟袋锅榫与前足上截连结。椅面边抹冰盘沿下敛，底部踩边线。四足上下为一木连做，穿过椅盘直落于地，挓度较大，扎实稳健。

该椅造型挺拔俊朗，为明式椅具之典型。

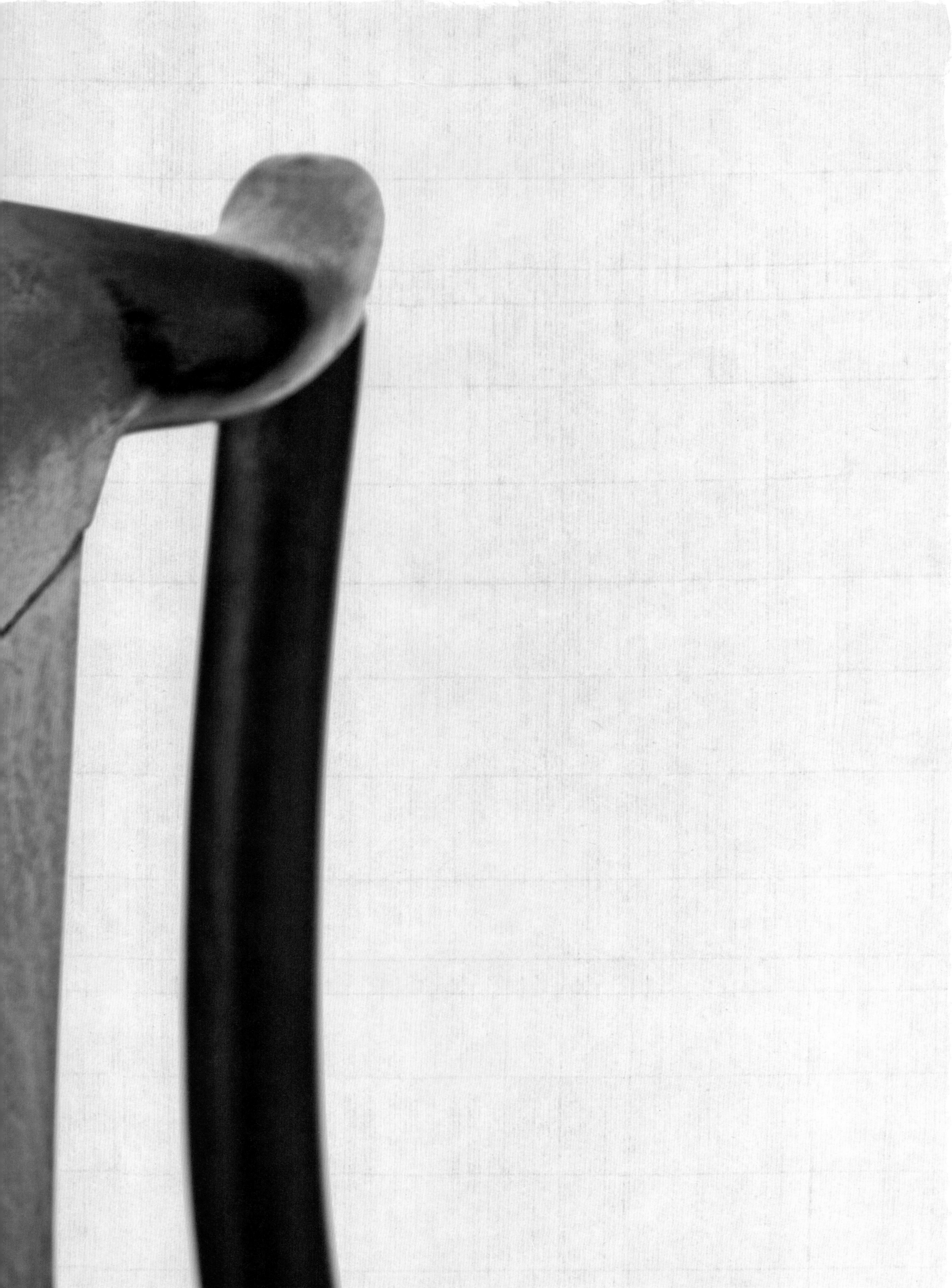

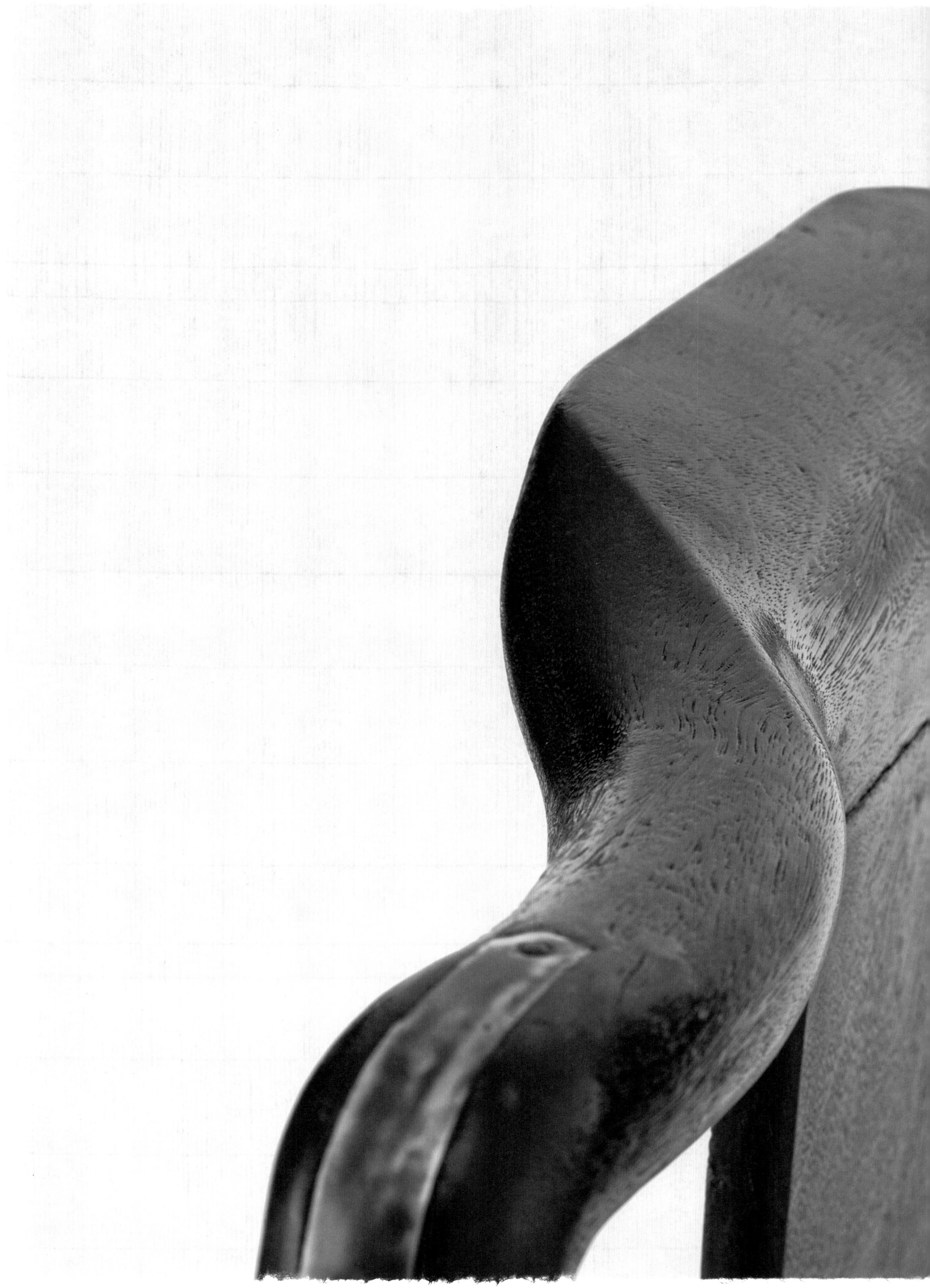

# 第三九件

## 黑漆彩绘南官帽椅

长六〇厘米　宽四六厘米　高一二二厘米

一七世纪

南官帽椅成对，髹黑漆，漆面保存较为完整。

椅子搭脑枕部颇高，两侧兜转下沉，有如牛角，大气古朴。背板为独板所制，侧脚明显。仔细观察背板上的漆面，曾有彩绘的痕迹，可惜年代久远，彩漆几乎全部脱落，所绘纹饰已无从查验，但依然能体味其间的遗韵古意。靠背板后有红漆印记，已难识别，概为制作者记号。

鹅脖略微退后安装，上端向前探出，承接扶手的前端。扶手下未设联帮棍，任其空敞。座面边抹简素，而下四边安刀牙板牙条，腿间管脚枨齐平。

高大宽绰的南官帽椅，用料并不粗硕，更没有多余的构件，显得简洁明快，挺拔隽永。

第四〇件

# 黑漆南官帽椅

长五七厘米　宽四四·五厘米　高一一三·五厘米

一七世纪

椅为椿木制，成对，髹黑色漆。

椅子搭脑弯如张弓，见其文雅。搭脑两端以燕尾榫式销子连接后腿，这是罕见的结构。背板光素无纹，「S」形。扶手外弯，与鹅脖上截的连结角度尖锐，这和搭脑两端的弧弯大相异趣，方圆各自成章，却不觉唐突。

椅面冰盘沿舒缓，落堂装硬板。椅面下四足粗硕稳健，足间三面设券口，正面券口的壶门轮廓优美而极富弹性。

# 第四一件

## 黑漆软屉靠背南官帽椅

长五八·五厘米 宽四四·五厘米 高一一二·五厘米

一七世纪

椅子榉木制，薄髹黑漆。其搭脑略向后弯，中间枕头部位微扁圆，两端下沿收细，呈上扬之势，并留出足够的位置，用以挖出烟袋锅榫，扣于后足上截。扶手宛转，与向前探出的鹅脖以烟袋锅榫结合。扶手下安由粗渐细的联帮棍。四足上截为圆形，穿过椅盘后变为外圆内方，直落于地。椅盘下四面安罗锅枨，腿间赶枨两侧高而前后低。

该椅的不凡之处，在于背板四边凿眼穿藤编软屉的制作手法（现存藤屉为根据原穿席绳眼修配）。背板穿藤编屉，在南方较为常见，尤其是躺椅类，经常采用此法，北方如山西等地，也有偶见。此椅出自江苏。

# 第四二件

## 榆木南官帽椅

长五七厘米　宽四五厘米　高一〇一·五厘米

一七至一八世纪

南官帽椅成对，椅背略低，搭脑浑圆，微向后弯。背板光素无纹饰，『S』形。扶手外扩，前端以烟袋锅榫扣合于鹅脖之上。扶手与鹅脖的转角处安有角牙，样式别具一格。座面边抹素混面，攒框装藤屉。面下四边安顶牙罗锅枨。腿足外圆内方，侧脚显著。腿间设步步高赶枨，脚踏枨下另安顶牙罗锅枨。

全器一律光素，顶牙罗锅枨的使用，使得该椅更显空灵。

第四三件

# 榆木南官帽椅

长五二厘米　宽四三厘米　高九四厘米

一七至一八世纪

官帽椅薄擦黑漆，掉落殆尽。造型周正，搭脑中间粗而两头细，自然变化，颇有文气，三弯扶手，『C』形靠背板、联帮棍。椅盘边抹素混面，上下压边线，座面下四面装刀牙板，腿间步步高赶枨。

此椅通体无饰，造型平实稳健，法度严谨。

第四四件

# 黑漆南官帽椅

长六〇厘米　宽四八厘米　高九二厘米

一七世纪

该椅以榆木为胎，通体批灰，髹黑漆。色泽醇正，断纹斑斓。历经数百年风雨，漆面仍保存较为完整。

全器以直圆材为骨，辅以素板，不做任何修饰，仅将座面之上的构件，施以柔婉灵动的曲线，开合有度，体现明式家具制器之道。

第四五件

# 黑漆拐子纹南官帽椅

长五七·五厘米　宽四四·五厘米　高一〇三厘米

一七世纪

椅成对，用榆木做胎，披麻挂灰，髹黑漆，漆面斑驳沧桑。

椅子搭脑浑圆，枕部向两端由粗渐细，与后足上端以烟袋锅榫连结。背板分三段攒接，上端铲地雕拐子纹，中间平镶心板，下部装拐子纹亮脚牙板，上下呼应。扶手蜿蜒。

椅盘冰盘沿简素。座下四面设牙板，牙板中段平直光素，两端牙头透雕卷云纹。直圆足健硕安稳，设步步高赶枨，看面及两侧枨下装卷云纹角牙，别具风韵。

此椅出自山西，漆层较为完整，色泽醇正，全器遍布牛毛断纹或蛇腹断纹，优美古雅。

## 第四六件

# 红木南官帽椅

长五八厘米　宽四六厘米　高一〇五厘米

一八世纪

南官帽椅红木制，表面曾髹黑漆，目前尚有残存的漆片。

椅子搭脑呈罗锅形，与座面下的罗锅枨相呼应。背板光素无纹饰，以「S」形贴合人的背部，坐感舒适。座面边抹素混面，攒框镶落堂心板。面下设罗锅枨双矮佬，腿间设步步高赶枨，结构空灵简约。该椅与众不同之处在于搭脑、扶手、腿足等均以方材制作，且四面起素混面，方中见圆，俊秀清癯。

第四七件

# 红漆西番莲纹南官帽椅

长五二厘米　宽四三厘米　高九四厘米

一九世纪

官帽椅成对，用材粗硕，榆木为胎，通体薄擦红漆，漆色暗淡。搭脑上拱，靠背板较窄，上有委角长方形开光，内浮雕西番莲纹，两侧雕较长挂牙。扶手前低后高，三弯联帮棍。座面攒框装板，边抹素混面，腿子变为方形，前脸装壶门券口牙板，边起阳线，腿间装步步高赶枨。踏枨厚拙，因年久踩踏，上已磨出两个凹坑。椅面下有墨笔「龙顺」二字，为家具作坊龙顺成早期记号。

第四八件

# 槐木南官帽椅

长六〇厘米　宽四七厘米　高一一〇厘米

一七世纪

南官帽椅，原有黑漆，掉落无存，扶手及搭脑均采用笔直的圆材打造。搭脑两端及扶手前端以烟袋锅榫与腿足上沿扣合。扶手下设旋做的葫芦形联帮棍，在明代交椅上，常见到此种联帮棍的做法。背板分三段攒框，两根立材起剑脊棱，且随着腿足上截的弧度向后仰。背板上段落堂装嵌如意形开光心板，中段平镶心板，下部饰卷草纹亮脚。

椅盘边抹素混面，加垛边，椅盘下四面安曲线优美的壶门券口牙子，落于水平的管脚枨上，枨下四面均设牙条。

第四九件

# 黑漆南官帽椅

长六〇厘米　宽四七厘米　高一一〇厘米

一七世纪

此椅与第四八件尺寸、造型相同，应是同一批次制品，流传数百年，尚能聚首，实属不易。此件的漆层保存较好。

第五〇件

## 黑漆『卍』字纹南官帽椅

长五六厘米　宽五三·五厘米　高一一五厘米

一七二七年

椅成对，为榆木制，表面髹黑漆。

搭脑平直浑圆，以烟袋锅榫与后足上端榫接，转角尖锐，个性十足。背板立材边框起剑脊棱，两根横枨将背板界为三段。上段落堂装心板，透空正圆形开光，饰『卍』字纹；中间平镶素板；下段则装高耸的如意形亮脚，较为少见。靠背板后有墨书『雍正五年造』款识。扶手与椅足垂直，前端以烟袋锅榫扣合于鹅脖之上。联帮棍如竹节，是北方家具常见做法。

椅盘冰盘沿，下压宽边线。其下正面及两侧面安装曲线玲珑的壶门券口，腿间设步步高赶枨。

此椅出自山西地区，加之落有明确的纪年款，颇具研究价值。

第五一件

# 榆木卷草纹南官帽椅

长五八·五厘米　宽四四·四厘米　高一〇四厘米

一六至一七世纪

此椅原髹黑、红漆。背板与两后腿上截后仰，呈向前拱起的「C」形。背板攒框打槽装板，两短枨将靠背板分为三段：上部锼如意开光，透雕两叶相抵的卷草纹；中镶素板；下部亮脚开壶门。靠背板上侧安「猫耳朵」挂牙，下侧安卷草纹站牙。联帮棍为荷叶净瓶式，寓意「和谐平安」。

座面下寸许安一横枨，嵌双炮仗洞开光绦环板。枨下安装壶门券口牙板，竖牙板中上部饰上翻的卷叶纹。四足圆中见方，腿间设前后高两侧低的管脚枨。

# 第五二件

## 椿木螭龙纹南官帽椅

长五七·五厘米　宽四五厘米　高九九厘米

一七九〇年

椿木制南官帽椅，残存少量的黑漆。椿木分为香椿木和臭椿木两种，用于家具制作的多是质地细柔、底色暗红的香椿木。

椅子成对，搭脑两端略下弯，以烟袋锅榫连结于挺直的后腿上端。背板分三截攒框，为略向后弯的「C」形。上段落堂镶板，镂为如意云纹，透空极窄，有连接用的小珠；中段平镶，铲地圆光内浮雕螭纹；最下段安透雕卷云纹的壶门亮脚牙板。扶手及联帮棍外弯，弧度较大。椅盘边抹素混面，上下压边线，面心平装硬板。四足微挓，外圆内方。正面安壶门券口牙板，其余三面为直牙条。腿间设管脚枨，前低后高，侧面双枨。

该椅座面下有「乾隆五十五年冬□置」等墨书，出自山西，为研究家具提供了可靠的参照。

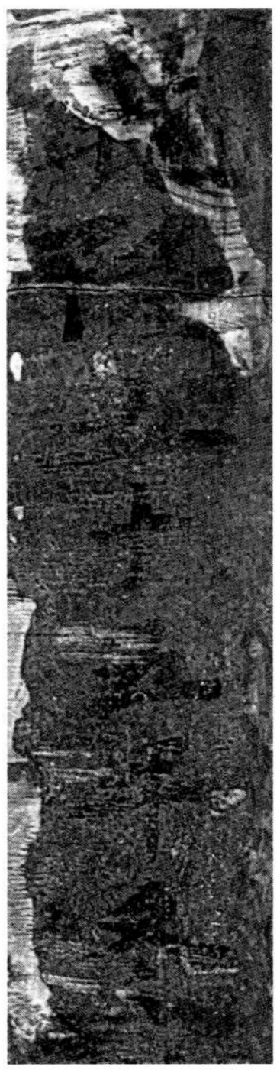

# 第五三件

## 黄花梨拐子纹南官帽椅

长六一·五厘米　宽四九厘米　高一〇二·五厘米

一八世纪

椅成对，黄花梨木制，原擦有黑漆。其造型和尺寸都介乎南官帽椅和玫瑰椅之间，可见明清家具的多样性。

搭脑及扶手均采用直圆材，与腿足及座面近乎垂直。背板看似攒框镶板，实则为整板铲地浮雕，刻意模仿攒框的造型。背板两侧的竖牙条，也是与背板一木所出。背板与腿足上截之间，装嵌圈口，边缘起阳线。

扶手下装直牙条券口，落于座面抹头之上。边抹冰盘沿起层次分明的线脚，其下三面设券口牙板，形式与扶手下的券口一致。四足外圆内方，腿间置步步高赶枨，踏枨下设变体罗锅枨，中间做成相抵的勾云纹。

第五四件

# 核桃木竹纹南官帽椅

长六一厘米　宽四八厘米　高一〇二·五厘米

一八世纪

椅子的主体结构，完全按照常规的南官帽椅形式制作，但搭脑、扶手、腿足及座面边抹均雕饰竹节纹。椅子背板以及座面下的券口牙板，也用整板透空雕出山石竹子。竹枝摇曳，具装饰效果。

竹制家具在我国历史悠久，传统木作家具也受到了竹家具的影响，比如圆包圆家具的形式。木制家具也常有雕刻为竹节、竹纹的装饰。此件气势端庄舒展，在同类器物中属佼佼者。

第五五件

# 剔红山水花鸟图南官帽椅

长六〇厘米　宽四九厘米　高一〇八厘米

一八世纪

剔红即红雕漆，是以木为胎，披麻挂灰后髹漆数十乃至数百道，然后雕刻图案的漆工艺。

此椅成对，各处用材较硕，通体方材，以便施加繁复的雕刻工艺，杺上密刻锦地，上有西番莲纹、卷草纹及寿字纹。搭脑中段上拱如牛头式，下方有对翻云翅。靠背板三弯，雕成三攒式，上段刻花鸟纹，一刻柳枝飞燕，一刻芙蓉翠鸟，图案工整精美；中段山水图案，水波渺渺，渔舟往来，刻画细密精工；下段设亮脚牙板，刻锦地。座面亦有精彩雕刻，面下三面装券口牙板，壸门曲线流畅，腿间装步步高赶枨。

# 第五六件

## 黑漆扶手椅

长五三·五厘米　宽四二厘米　高八七·五厘米

一八四五年

椅子通体委角方材。椅背、扶手及座面之间相互垂直，接近玫瑰椅形制，但又增设靠背板，故属扶手椅。背板光素，联帮棍直立，座面落堂镶板，四腿无挓，装步步高管脚枨，腿间不设牙板、枨子之类的构件。

该椅奇特之处在于椅盘和腿足的结构。通常带扶手的椅子背为边抹开孔，腿足由开孔处穿过椅面，该椅则是边抹与腿足格肩相交，腿足露于椅盘之外。

全器无纹饰，简约空灵。椅面下有『道光乙巳年』款，标明准确制作时间。

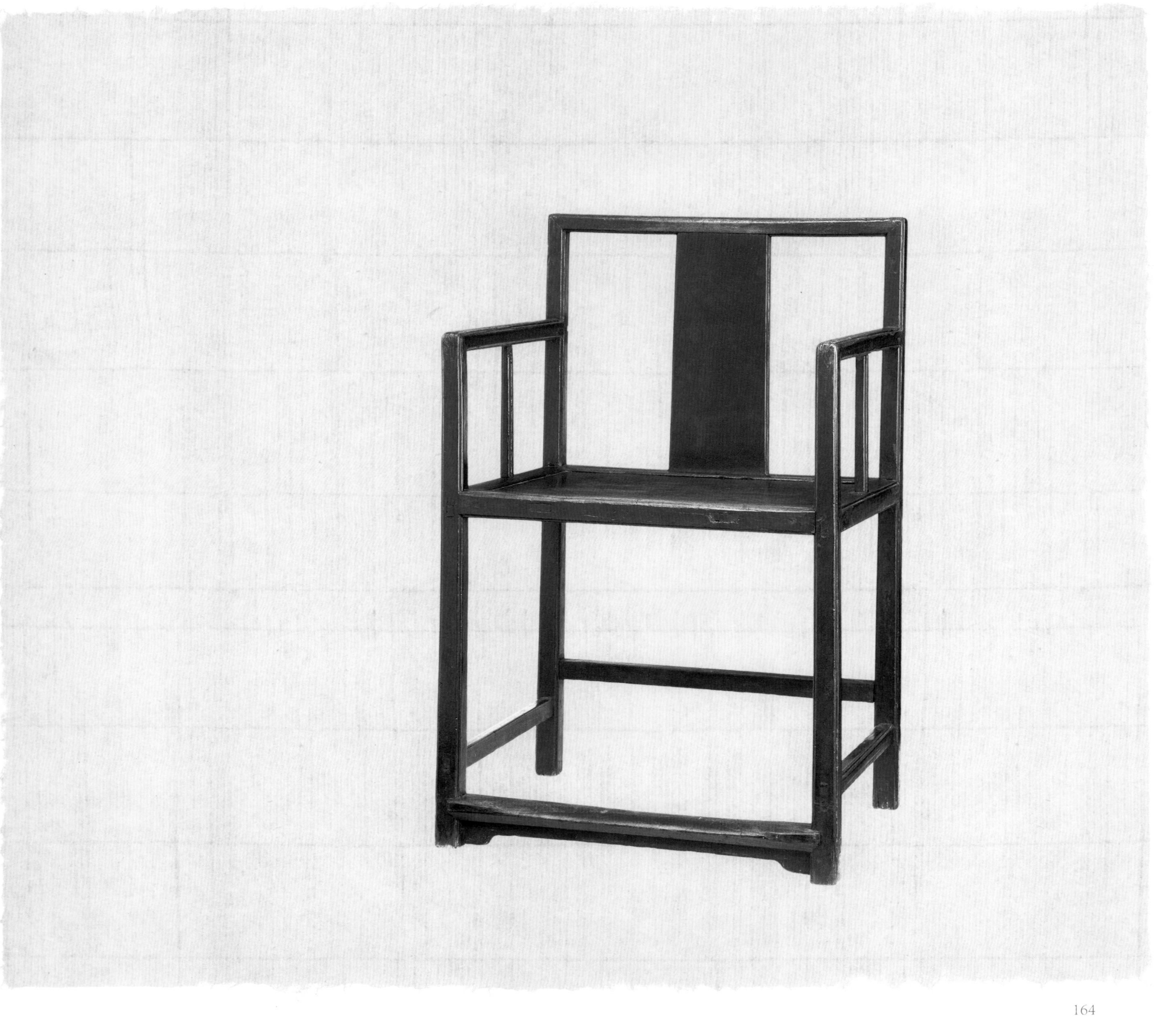

第五七件

## 黑漆嵌黄杨螭龙寿字纹扶手椅

长五二厘米　宽四三厘米　高九四厘米

一八至一九世纪

榆木制扶手椅，薄擦黑漆。椅背与座面近乎垂直，仅最上端略微后仰。搭脑与腿足格角相交，中间高起犹如罗锅形，开鱼门洞。靠背板间隔出三截，最下部装壶门亮脚牙板，上面两段则落堂装板，以黄杨木镶嵌长方形委角开光，分别饰团螭和变体的寿字纹。扶手采用曲尺式，座面抹头后部另挖榫眼，安宝瓶式矮佬。

椅盘厚实，边抹攒框，落堂装板。腿足用料粗硕，几无侧脚。座面下以两根横材做枨，另有两根立材直落，攒成牙板的框架。横枨两端饰相对的螭龙，刻画生动。枨间设宝瓶式矮佬，枨下另设拐子纹角牙。

此椅出自四川，为研究川工之实物。

第五八件

# 黑红漆寿字纹梳背南官帽椅

长六一厘米　宽四六·五厘米　高九四厘米

一八世纪

椅为榆木制，表面大部分髹黑漆，仅椅背上的团寿纹施以朱红漆。

椅背及扶手皆为棂格式，即俗称的梳背式。搭脑呈高耸的罗锅形。搭脑及扶手、腿足及鹅脖上端皆委角相交，沿边起阳线。纤细直立的棂格，装嵌于椅背及扶手下空间。椅背棂格间嵌圆形开光，饰寿字纹。椅盘冰盘沿筒素，攒框镶心板。四足外圆内方，间以步步高赶枨，四面装平直筒素的券口牙板。

第五九件

# 榉木梳背扶手椅

长五九厘米　宽五九厘米　高九〇厘米

一八世纪

椅为榉木制。搭脑中段上扬，椅背安棂格五根，随后足上截略向后仰。鹅脖退后安装，位置靠后，让出大半座面。扶手也变得短小，似乎并不专为坐者倚靠所设。扶手与后足衔接处另安垂直的短柱，半空探出卷书状构件，纯装饰作用。

椅面宽大，边抹冰盘沿素混面。椅面下设卷转的花牙，悬挂于四面的上角，颇为轻灵。四足直落，腿间安步步高赶枨。

# 第六〇件

## 黑漆梳背海棠形南官帽椅

长五四厘米　宽四四厘米　高八〇厘米

一八至一九世纪

椅子六足，榆木制，髹黑漆。

椅面为海棠形，是以宽绰的边抹格角攒接，内外做成较大的委角，形似海棠。边抹立面双劈料，面下设六直足，上端开榫头嵌入椅盘底面。面下沿六足设圆包圆直枨，足间置水平的管脚枨，均做成双劈料，与椅面边缘相呼应。直枨下另安镂为竖棂相攒状的牙板。

# 第六一件

## 竹六边形梳背小南官帽椅

长三三厘米　宽二六厘米　高三七厘米

一八至一九世纪

椅以竹为材，以焙弯、捆扎、包裹、榫接等工艺做成，靠背及扶手皆为棂格式，靠背处四段竹材皆为两节，竹节位置偏上，略显轻盈。座面椭圆形，为半月竹材裹木面而成，座面牙板及管脚枨皆为双料竹材裹成。

此椅尺寸甚小，色黄中泛红，造型憨态可掬，竹制者轻盈便携，或是专为儿童使用的坐具。

此椅出自上海，江南人植竹用竹，以竹为器是常见的事，更何况沪地附近有嘉定竹刻名扬海内，能有竹制器具传世，也是情理之中。

第六二件

# 紫檀西番莲纹扶手椅

长六七厘米　宽五一厘米　高一〇七厘米

一八世纪

椅以紫檀制成。搭脑驼峰式，曲线流畅，靠背板略呈宝瓶式，铲地浮雕西番莲纹。搭脑、后腿及椅盘间有卷草纹券口，纹饰细密，扶手三弯，座面硬板心，素冰盘沿，有束腰，牙板雕卷草纹，四腿间有管脚枨，足端方马蹄。

此椅雕饰繁而不乱，做工精细，为典型乾隆时期家具。

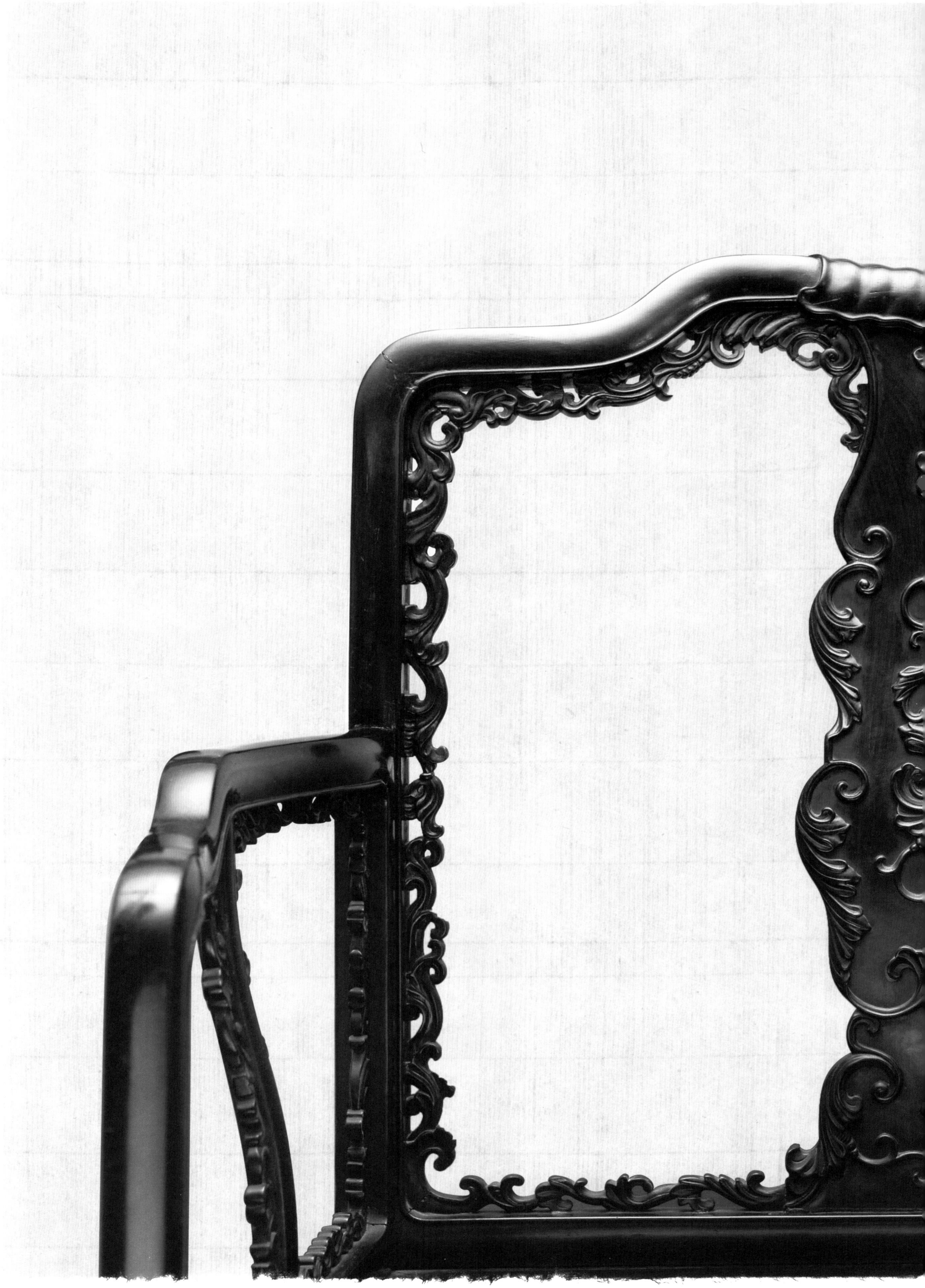

第六三件

# 红木高士图扶手椅

长六五厘米　宽五〇厘米　高一〇三厘米

一九世纪

扶手椅成对，红木制。

搭脑硕大，末端饰灵芝纹，宽厚饱满。椅背及扶手两侧均以较为纤细的方材攒成，横竖相衔，间以灵芝纹装饰。椅背攒框镶板，界为三段，上下装有落堂起鼓委角长方形开光的心板，中间铲地浮雕高士图，清雅闲远。

座面新编软屉。座下有束腰及托腮，与牙条分作。牙条边缘起阳线，饰勾云纹。腿足方正直落，腿间设管脚枨。

该扶手椅座面宽绰，形制周正，带有典型的清代中晚期家具特征。

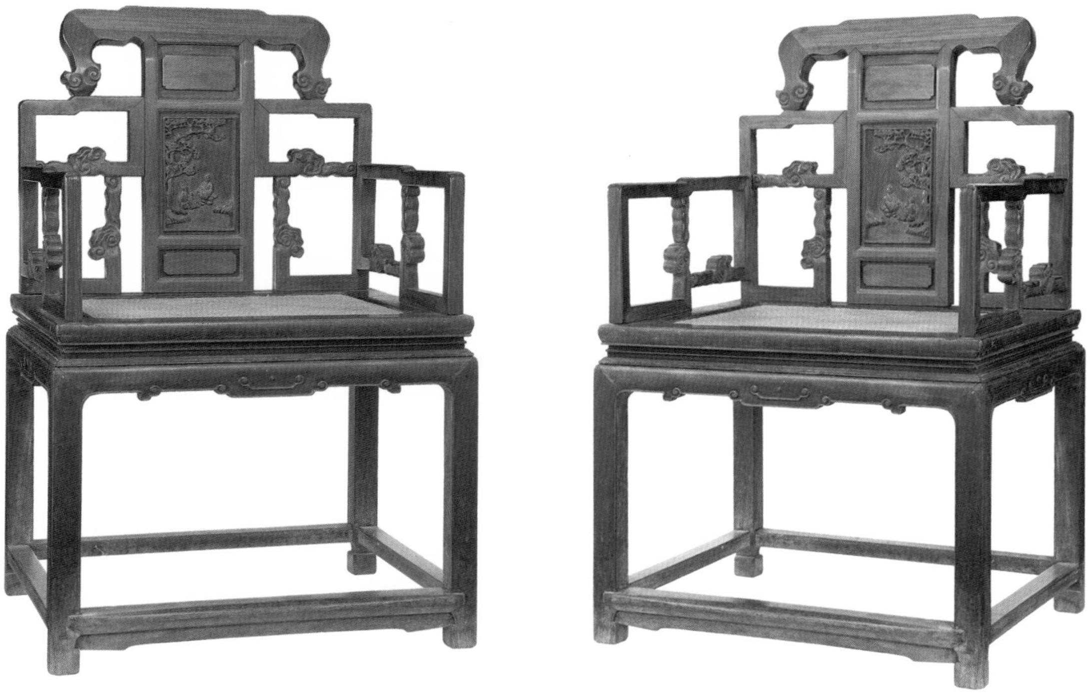

第六四件

## 花梨木嵌螺钿镶大理石花卉纹扶手椅

长七六厘米　宽六三厘米　高八九厘米

一九世纪

花梨木的大量使用是在清代晚期，那时黄花梨、紫檀、红木等日益匮乏，产自东南亚一代的花梨木作为替代品进入中国，广泛使用。

扶手椅上嵌螺钿折枝花卉，椅子搭脑为倒垂蝠纹变体。靠背镶嵌大理石一块，外框中段略凹，以三块桃枝纹卡子花固定在后背上。扶手宽阔，联帮棍部分已经衍变为镶圆形大理石卡子花。座面镶板，下有束腰，管脚枨连接四腿。

此类椅具在清代晚期至民国时期颇为流行，尤其是京作家具中多有所见，不重造型结构，唯取华丽装饰，纹饰题材多以蝠、葫芦、桃、石榴乃至太狮少狮为主，寓福、禄、寿、多子及代代入仕、世掌丝纶等吉祥含义，是贵胄及富贵人家用具。

第六五件

# 红木嵌螺钿镶大理石花鸟纹扶手椅

长六六厘米　宽五二厘米　高五一厘米

一九世纪

清式扶手椅成对，为红木制，椅背及座面镶嵌天然大理石，纹理犹如山水云霞，自然天成。

扶手椅用材厚重，全器镶嵌螺钿，饰梅花、蝙蝠、葫芦及寿字纹。倒垂蝠纹式搭脑为整木所挖，背板及扶手直立，均为方材构成外框。此椅的背板及扶手内侧、牙条，均透雕喜鹊登梅纹。四腿拱肩处圆雕兽首，方材直足，沿边起阳线，外翻兽爪抱球足。

扶手椅造型稳重，用材奢靡，装饰手法集透雕、圆雕、镶嵌于一体，华贵富丽。

第六六件

# 核桃木嵌大理石勾云纹扶手椅

长六一厘米　宽四七厘米　高九六·五厘米

一九世纪

扶手椅造型端庄。搭脑呈灵芝如意形，枕部浅雕勾云纹，组为兽面，正中以驼骨嵌环纹。背板形如宝瓶，层次分明。宝瓶中心镶嵌大理石，四周以骨质打磨成条，勾勒边线，华贵富丽。背板两侧及扶手雕拐子纹，嵌卡子花。

椅面落堂镶板，束腰装嵌驼骨磨制的绦环板。牙板中垂洼膛肚，浮雕勾云纹。四足展腿，内翻马蹄，至底又向外翻出。腿间设管脚枨，枨下装拐子纹牙条。牙条与腿足的内侧拐角处，安驼骨锼雕的拐子纹角牙，骨质白皙，格外醒目。

此椅做工精到，构思巧妙，利用不同材质的色差及特性来装饰，效果甚佳。这是流行于山西、河北地区的「半哑子工」。

## 第六七件

# 榆木拐子纹扶手椅

长七〇厘米　宽五八厘米　高九二厘米

一八至一九世纪

椅成对，面上以拐子纹攒成背板和两侧扶手。背板中央攒长方形的框架，设卷书式搭脑。

椅面攒心装板，素混面冰盘沿，腿足上端露明内缩，顶部膨出如斗拱，抵在座面下。腿肩外鼓，圆润饱满，四腿间以罗锅枨相连，下有小角牙连接腿足。腿足下端内翻扁马蹄，粗壮有力，下有突出榫头，显示此椅原有拖泥。

此椅的结构少见，有与之成套的条桌一件。

第六八件

# 黄花梨玫瑰椅

长五六·五厘米　宽四六·八厘米　高九一厘米

一七世纪

该椅为黄花梨木制，平直的搭脑和扶手皆为圆材制作，以烟袋锅榫与腿足上截相交。椅背、扶手、座面之间相互垂直，是玫瑰椅的标准做法。靠背装有曲边券口牙板，牙板沿边起阳线，饰回纹，牙板与扶手下设圆枨加矮佬。

座面攒框装软屉，已佚，冰盘沿有洼线一道，向下内敛。面下四周饰素牙板、牙头。四腿侧脚收分显著，足间设步步高赶枨，踏枨下装素牙板。

该椅几无修配，保持『原来头』皮壳。

# 第六九件

## 黑漆玫瑰椅

长五三·五厘米　宽四三厘米　高七一厘米

一七世纪

玫瑰椅髹黑漆，沉穆朴实。搭脑及扶手平直，以圆材制成。靠背及扶手下装曲边圈口牙板，牙板宽厚平素，沿边起饱满的阳线。搭脑与后足上截、扶手与鹅脖均以烟袋锅榫相接。座面攒框，裁口镶席心。边抹上下踩边起混面，面下装平直的券口牙板。四足直落，侧脚显著，腿间置管脚枨，两侧高起，前后低，脚踏枨下装牙条。

一般所见玫瑰椅，大多灵秀纤细，唯此件风格古朴，气势舒缓，难能可贵。

# 第七〇件

# 榉木玫瑰椅

长五一厘米　宽三九厘米　高九一厘米

一七世纪

玫瑰椅用榉木打造，是较为常见的形制。

靠背低矮，搭脑和扶手浑圆笔直，按常式以烟袋锅榫扣合于腿足之上。椅背及扶手下打槽装嵌光素的长方形圈口。椅盘边抹为上下踩边素混面。面下四足外圆内方，四腿八挓。正面安直牙条券口牙板，其余三面安刀牙板。腿间设枨，两侧高于前后。脚踏枨下安素牙条。

光素质朴的玫瑰椅隽永耐看，造型并不使人觉得单调乏味。

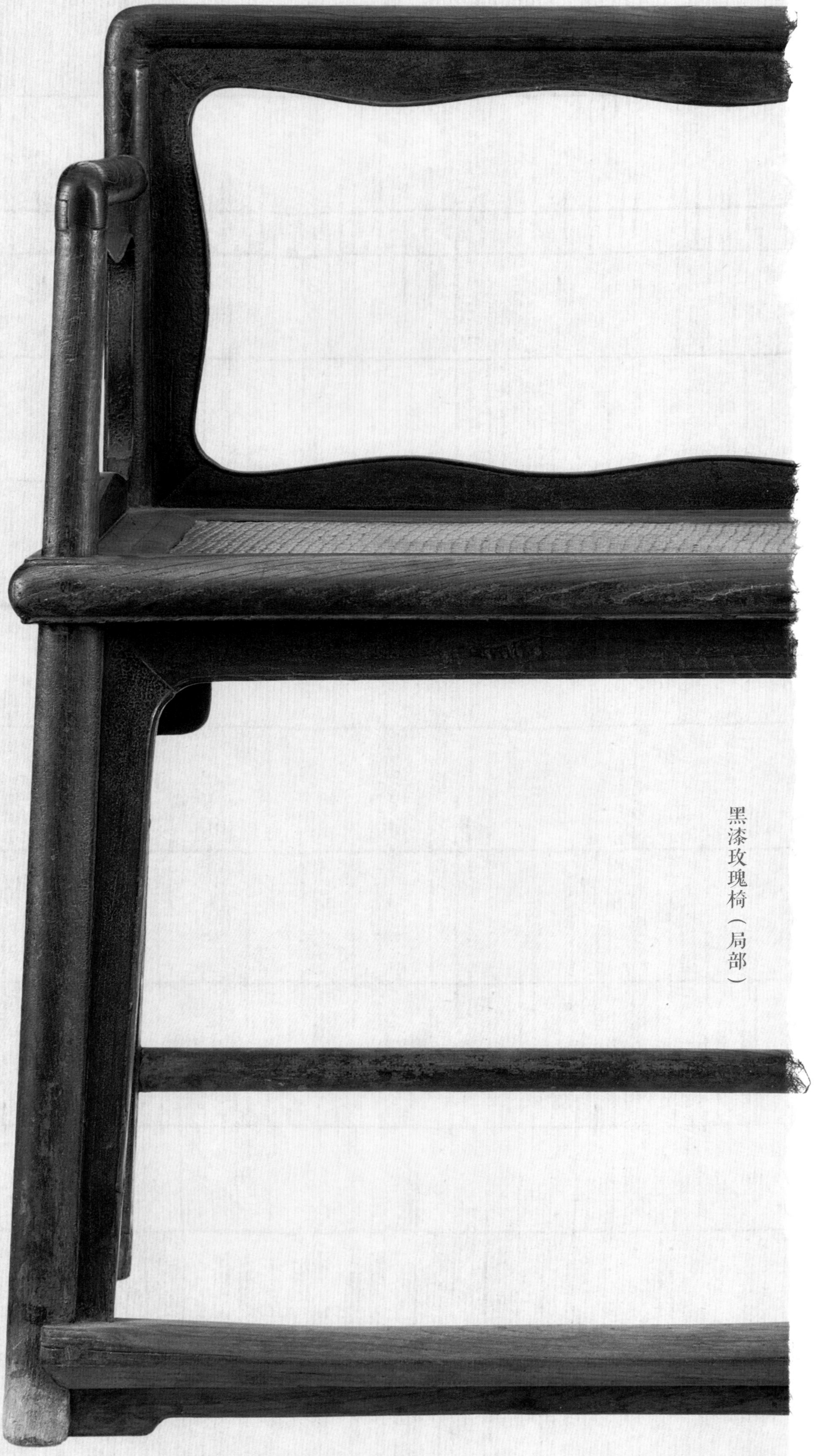

黑漆玫瑰椅（局部）

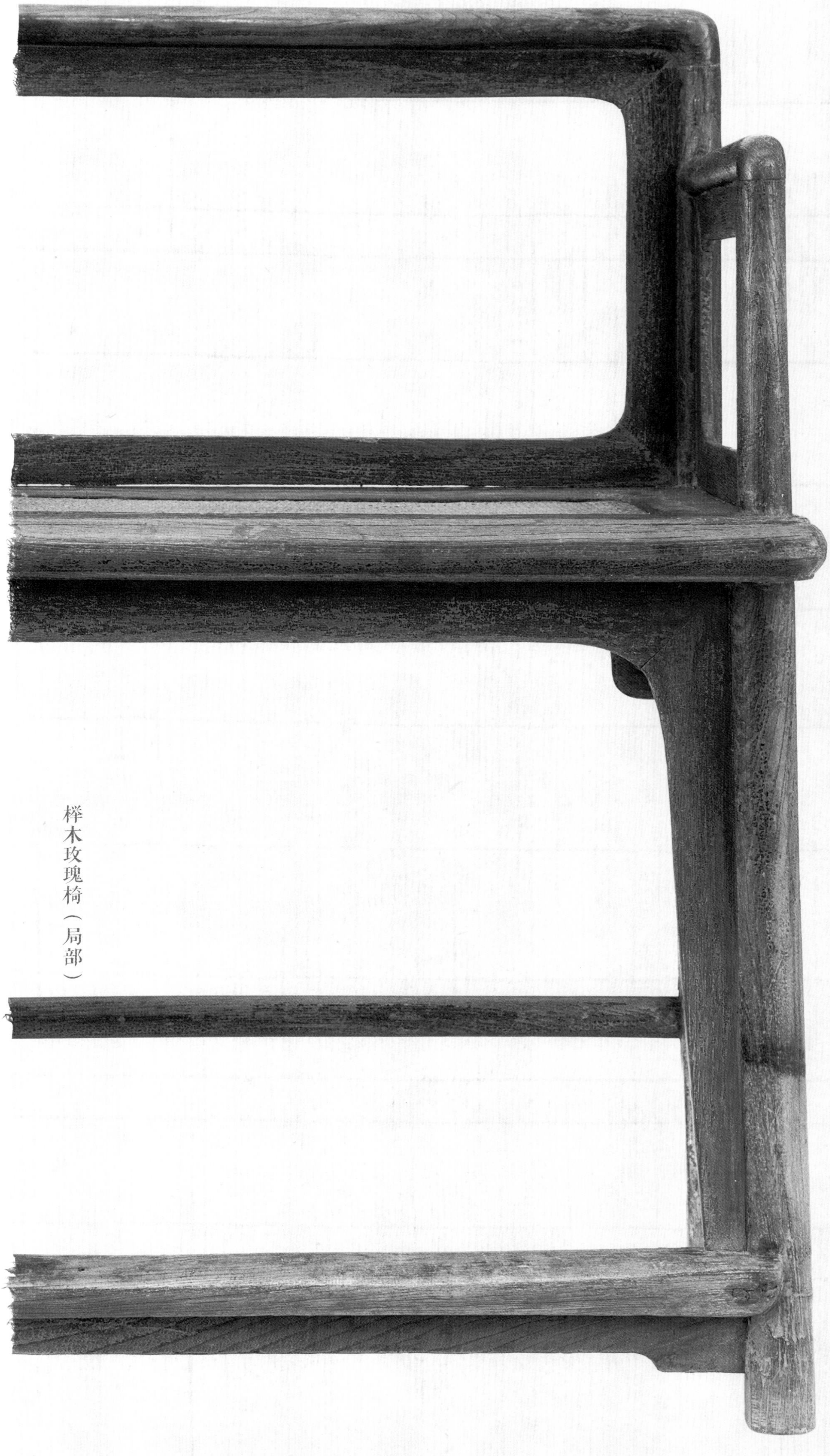

榉木玫瑰椅（局部）

# 第七一件

## 黑漆寿字纹扶手椅

长五七厘米　宽四五厘米　高九七厘米

一八至一九世纪

椅造型如同在矮靠背圈椅基础上，靠背板及后腿出头，再加以搭脑相接而成。靠背板三攒，中段有寿字纹圆光，字形如香炉。扶手不出头，即抹头式，下有微弯的联帮棍。座面平镶板心，面下卷草纹牙板，雕刻紧密。扶手椅结构呈现了圈椅向清晚期流行的太师椅变化的状态，造型略呆滞，从造型和髹漆手法看，应为清中晚期制物。此物出自河南。

## 第七二件

# 柏木四出头扶手椅

长五二厘米　宽五二厘米　高一〇一厘米

一八至一九世纪

椅造型较为奇特，搭脑弯曲如水波。与常见的后腿攒接搭脑不同，此处搭脑直接与弯枨相连，弯枨前端为椅子扶手，出头处上扬，下有鹅脖。双联帮棍，穿过大边直至腿侧横枨上，大边与前后腿为一条木料弯折而成，这是北方民俗家具『乞丐椅』常见结构，不过乞丐椅一般是上部为椅圈，类似圈椅，如此件四出头式者罕见。『乞丐』言其结构简便之意。

中国木质家具，一般以榫卯攒接为主，很少见以外力弯折者，唯乞丐椅是特例。

# 第七三件

## 黄花梨灯挂椅

长八六·五厘米　宽四五·五厘米　高八五厘米

一七至一八世纪

灯挂椅为典型苏作，通体无任何雕饰，具有雕塑般的美感。牛头式搭脑曲线柔美，三弯靠背弧度自然，座面冰盘沿光素，下有压边线，座面下券口牙板，弧度流畅，边缘起纤细碗口线，体现了匠作高超手艺。四腿间装步步高赶枨。

此椅造型简洁而工艺高超，各部分比例关系把握到位，堪为明式家具经典。

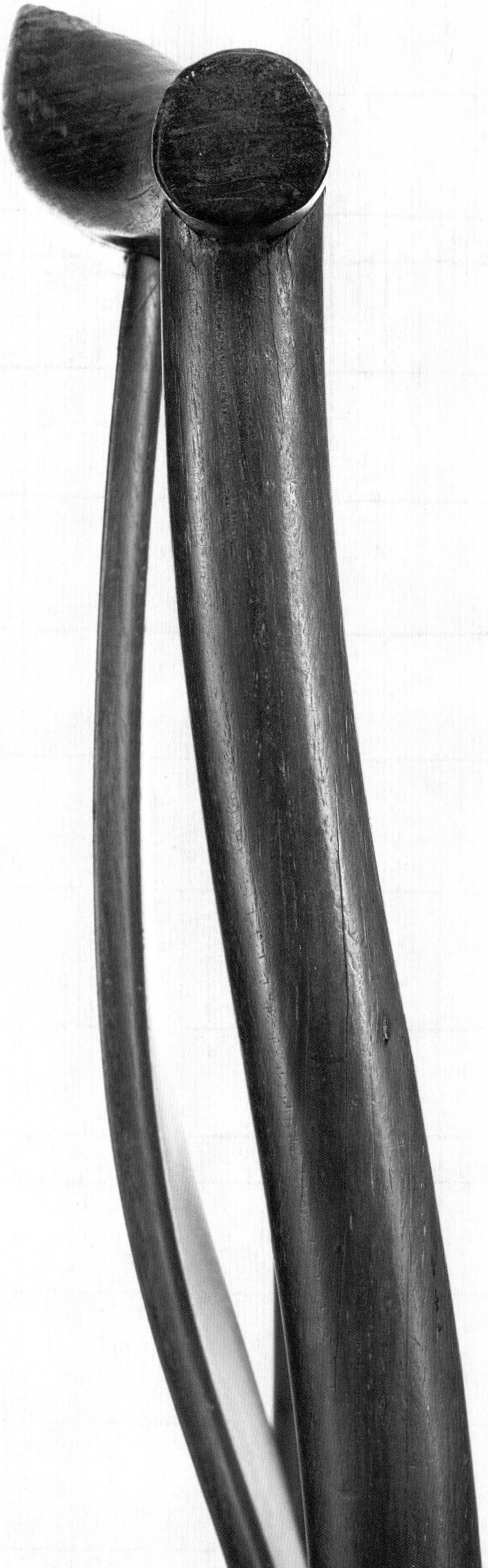

## 第七四件

# 榆木灯挂椅

长五八厘米 宽四六·五厘米 高一一〇厘米

一七世纪

榆木制灯挂椅，出自山西，尚有薄薄的黑漆斑驳。

椅子搭脑上扬，牛头式。靠背板三弯。椅面边抹为双压边线素混面，腿外圆内方，挖度适当，有压边线。座面下直券口牙板，起阳线。腿下步步高赶枨。

此椅规格在灯挂椅中属于较大者，制式简洁，舒展大方，为北方制明式灯挂椅之典型样式。

# 第七五件

## 黑漆灯挂椅

长四九厘米　宽四一厘米　高一一四厘米

一七世纪

灯挂椅以质轻槐木为胎，髹黑漆。牛头式搭脑，弧度优雅，鳝鱼头状的两端平切，显出圆形断面，为晋作家具常见手法。靠背板三弯，较高的椅背能够为坐者提供舒适的倚靠。素混面椅面，原有藤屉，已遗失。

椅面下为起阳线壶门券口牙板，弧度小巧优美。此椅造型简洁大方，为典型明式家具。晋作家具能具秀美意趣，殊为难得。

第七六件

# 榉木如意云纹灯挂椅

长八六·五厘米　宽四五·五厘米　高八五·五厘米

一八世纪

灯挂椅以榉木为之，为使用过程中刷漆。

此椅造型优美，牛头式搭脑，靠背板三弯，其上的如意云纹开光为椅子唯一的装饰，是精彩之处。座面冰盘沿下端收敛，下设券口牙板，挖弧度流畅的小壶门，与靠背板的如意云纹开光呼应，使得椅子更具柔婉之美。腿间以前后低赶枨连接。

此椅为典型苏作家具。

第七七件

# 榆木螭龙纹灯挂椅

长四五·五厘米　宽三九·五厘米　高九〇厘米

一八至一九世纪

椅以榆木为材，色泛红紫，为榆木中质地细腻坚硬者，家具行称为「紫榆」。

此椅牛头式搭脑，与后腿间相接处以铁片包之，下有角牙，都有加固作用。靠背板三攒，上部委角长方形开光内透雕卷草纹，中部雕螭龙纹，下部亮脚亦透雕卷草纹。椅面冰盘沿，面下四腿皆为方材，有压边阳线，以前后低赶枨连接。腿间牙板样式较为少见，横竖向牙条起阳线，至中段上翻突出，相背勾如鸟喙，突出部分有椭圆形开光，亦起阳线，如此做法，颇有新意，有一定的装饰效果，尚属成功的设计。一般椅具多为一面或三面券口，此椅四面皆为券口，揣测是匠师对这一创造性牙板做法甚为得意之故。

# 第七八件
# 黑漆靠背椅

长五二厘米　宽三八·五厘米　高一〇七厘米
一七〇九年

椅为槐木所制，略髹黑漆。靠背椅搭脑及后腿上部背为委角方材，靠背板随后腿弧度后仰。椅面攒框装板，边抹素混面，正面券口起柔婉壶门线，至竖牙条中段轻巧上扬，翻为花牙，具装饰性，侧面券口壶门线弧度略小，两端直落，与正面形成变化。座面下腿足外圆内方。如此件后腿上部方材，下部外圆内方的做法较为少见。踏枨看面平直，与常见的下端收进做法不同。四腿间为步步高赶枨。

此椅出自山西，座面下穿带上有「康熙四十八年仲秋月□□置」墨书款，书写自然熟练，不似伪作，可作为断代参考器物。以此椅论之，其进深较一般椅具为浅，后腿及靠背板的弧度较小，四腿挓度小，显示出明式家具向清代家具过度的特征，清癯而略有拘谨的气息，都或为康熙时期山西制作家具之韵味特点。另外壶门曲线的变化，线条的弹性感觉，都可作为判断其他家具年代的参考。

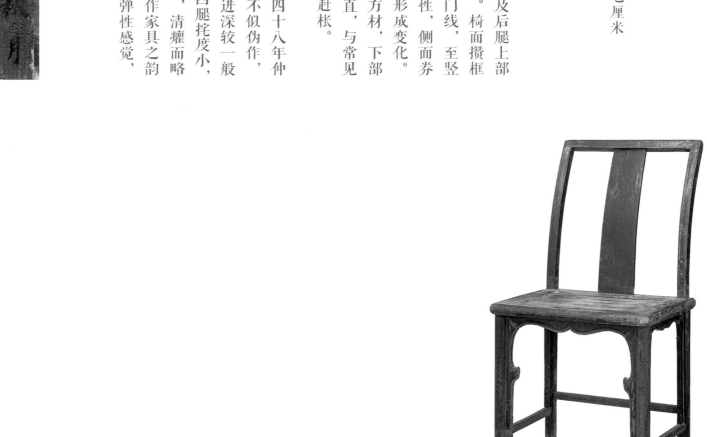

## 第七九件

# 黑漆梳背椅

长四八·五厘米　宽四〇厘米　高九八厘米

一九一七年

靠背椅造型简洁，不设靠背板，以四条棂格代替，具空灵效果。座面冰盘沿简素，面下为保持空灵，不设券口，仅做牙板，两头有委角花牙。四腿间以步步高赶枨连接。

此椅面下有墨书『民国六年』款。

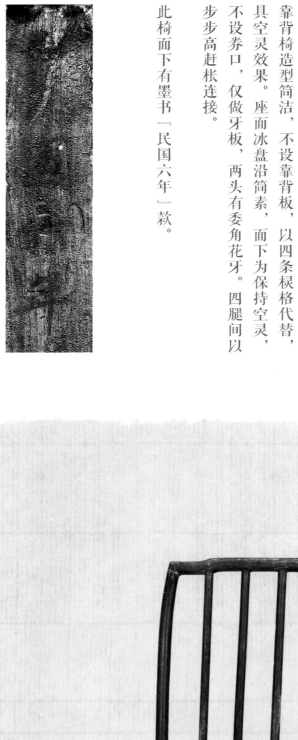

## 第八〇件

# 红木靠背椅

长四九厘米　宽四一厘米　高八三·五厘米

一八至一九世纪

此椅成对，通体以方材为之。

矮靠背，略后仰，直搭脑与后腿斜接，靠背只有竖向两枨，以二根横枨连接，极具空灵效果。座面边抹平切，面下直枨，上设矮佬。腿间以前后低赶枨相连。

靠背椅造型极简，设计极有现代感。

## 第八一件

# 榉木仿竹材靠背椅

长五一厘米　宽三九厘米　高九一厘米

一九世纪

椅成对，以榉木为之，清水皮壳。

此椅处处仿竹材为之，三攒靠背处外框雕为井置竹材，心板浮雕篆字、博古纹饰。椅面边抹浑圆，面下牙条和管腿枨都如同竹材包裹，罗锅枨和矮佬皆为细材，也正是竹制器具用料规格。此椅靠背上的勾云形搭脑、卷草纹饰及平矮罗锅枨皆显示为清代晚期制品。

此椅用材上好，工艺精湛，模拟竹材甚肖，显示出匠师处处用心，也属佳作。

## 第八二件

# 黑漆博古纹屏背圆椅

座面径四〇厘米　高九三厘米

一九世纪

此椅造型少见，如同圆杌加屏风状靠背而成。椅靠背卷书式，中段浮雕花瓶，插花一朵，靠背两侧有站牙相抵。面下束腰上有五开光，壶门牙板上浮雕卷草纹饰，腿上部饰相背的卷草披肩花，腿三弯，弧线流畅，外翻为卷球，下有托泥。

此椅造型糅合椅具和杌凳而成，可视为杌凳之变体，具地方特色。

第八三件

# 黑漆卷书搭脑圆椅

座面径四九厘米　高八七厘米

一八至一九世纪

椅榉木制，薄髹黑漆，卷书式搭脑，靠背板上浮雕如意云纹，下有亮脚。有拐子纹「扶手」与靠背相接，严格说还是靠背的一部分。椅面冰盘沿下敛，有压边线，卷云纹垂肚牙板上有鼓钉一圈，尚有鼓凳遗意。四腿上有拐子纹装饰，微外膨后内卷如象鼻，由十字枨相接，稳固扎实。座面后配软屉。

此椅尺寸略小，形态秀气，应为闺阁用具，清代版画中有类似意趣者。除去形态特殊外，此椅做工精细，细节可圈可点，出自苏州，为典型苏作，卷鼻状腿足意味甚佳。

## 第八四件

# 榉木四出头官帽暖椅

长五三厘米 宽四〇厘米 高一一四厘米

一八世纪

四出头官帽椅式，造型清秀，搭脑悠扬上翘，扶手小巧外翻，比例甚佳，联帮棍与一般外撇做法不同，呈曲线，向前律动。

此椅奇特处在于椅座的处理，这是一件暖椅，与李渔《闲情偶寄》中所记颇类，座面可掀开，便于将热源放入，栅格式设计是为了热气上升更快，腿间四面镶板，中开泉币状眼，为走烟通气之用。

暖椅见诸记载，实物流传甚少，此椅不但有极高的研究价值，而且造型、工艺也是可圈可点。从工艺和造型看，典型的苏作家具。

第八五件

# 榉木高座面梳背南官帽椅

座面径四九厘米　高八七厘米

一九世纪

此椅靠背及扶手背装竖向棂格，边框粗而棂格细，这是因为本椅的设计为仿竹而成。座面亦是典型仿竹的圆包圆结构。

此椅座面甚高，以至于踏枨都随之升高，显然是件儿童用具，便于用餐时身及桌面。座面下直枨上并排细矮佬，腿间以圆包圆管脚枨相连。

# 第八六件

## 竹躺椅

长一六二厘米　宽六三厘米　高七六厘米

一九至二〇世纪

躺椅以竹制成，因岁月摩挲，色泛红紫。

此躺椅结构复杂，以长短竹材攒为步步锦花纹，或正或斜，虽雕饰无多，但极具装饰效果。竹制家具，因结构缺憾往往难以传世，但此椅结构如此繁复尚能保存完整，较为难得。另外，其结构虽然复杂，但繁而不乱，仍然有空灵秀气之感。

## 第八七件

# 红木镶白石双人椅

长一二九厘米 宽四八·五厘米 高九〇厘米

一九世纪

椅三面围子，攒框装板，起鼓落堂心。靠背稍高，罗锅式搭脑及扶手。座面镶白石，边抹素冰盘沿，敛入较多，显纤薄。束腰打洼，上有笔管式开光。牙板大挖，边起阳线，以流畅弧度与腿足相交，大挖香蕉腿，向内兜转较多。

此椅较一般椅具阔大，可容两人并坐，体量上更接近宝座，但造型轻盈，没有宝座的端庄凝重，进深也较浅，故而称为双人椅更为妥帖。

第八八件

# 天然木扶手椅

长八五厘米　宽五八厘米　高一〇五厘米

一八至一九世纪

天然木椅泛指以树根或树枝制作的家具，因其保持天然形态而得名。

该椅椅背及扶手均由苍虬的树根拼接而成，座面面心嵌光素木板，四周包裹树根，与牙子及腿足相互拼接，浑然一体。

此椅选料精心，拼镶仔细，不见踪迹，即所谓『虽由人作，宛自天开』。造型随形度势，将树根的形态尽情发挥，天然成趣。

第八九件

# 黑漆彩绘花卉纹靠背椅

长六三厘米　宽五〇厘米　高九三厘米

一五至一六世纪

椅为榆木制，靠背、座面下牙板等处有残留的漆痕，黑漆上面还有红色描金花卉。

软屉椅面四平。壶门牙板上有分心花，雕琢刀法爽利。腿足中部上翻花牙，与内翻马蹄腿呼应，下有承足。椅子有弧形靠背，直搭脑以荷叶斗拱式腿足承托。后背三攒，上部如意开光内镂雕卷草纹；中间镶板；下为壶门亮脚，对翻云头。较特别的是靠背上有横向短材将椅后腿与靠背连接，嵌卷草纹海棠形开光绦环板和壶门亮脚。腿两边有抱鼓墩，地栿、抱鼓、站牙一应俱全，类似座屏。

此椅结体近灯挂椅，但又完全不是一个系统，是早期椅子样式。其造型与另一件黄花梨靠背椅相似，彼椅曾为陈梦家先生旧藏，后捐至上海博物馆。

第九〇件

# 榆木花卉动物纹联排靠背椅

长三八三厘米　宽四九厘米　高一一五厘米

一六至一七世纪

靠背椅尺寸硕大，气势磅礴，其结构如同长凳上安置美人靠栏杆而成，一般为寺院中用物，俗称庙椅。

联排椅的靠背略有弧弯，自上往下分为五层，前两层通长，中间有横枨，上下以卡子花相连，卡子花为正、倒三角形，上雕饰花叶，若是仔细观察，会发现图案各不相同，有的上面还有篆字、鸟纹。第三层至第五层又由竖枨界为十二个空档，两边装花牙，中间如数件靠背椅并置。横枨做成剑脊棱，突出甚多。第三层中镶绦环板，浅浮雕海棠形开光，内刻为锦纹、花卉纹、动物纹等。第四层镶嵌高浮雕绦环板，并镂空图案，雕刻纤细，纹饰丰富，有牡丹、莲花、麒麟、飞凤、天马、狮子等。第五层及最下层装以素板，板挖为弧形与靠背弧弯相适应。靠背处的装饰图案，虽然有大致规律，但还是有随意性，无论花卉纹还是动物纹，都是百姓喜闻乐见，寓意吉祥者。

椅座立帮攒框，穿带数根，上铺棂条，其上原应有铺陈之物。椅座为单面工，后侧光素简陋，前面造型复杂，做成高束腰式，腿足外侧有角牙，内设数根矮佬，装绦环板，饰卷草纹，或浮雕，或透雕。两端腿足三弯式，末端雕为卷叶，中间又增设腿足五处，腿间连以壶门牙板，起阳线，在腿足处衍为花叶。腿下设通长横枨，腿足出头，若龟足。

此椅气息古朴，有元代家具遗风，是山西地区典型家具，纹饰、造型信息丰富，有很高的研究价值。

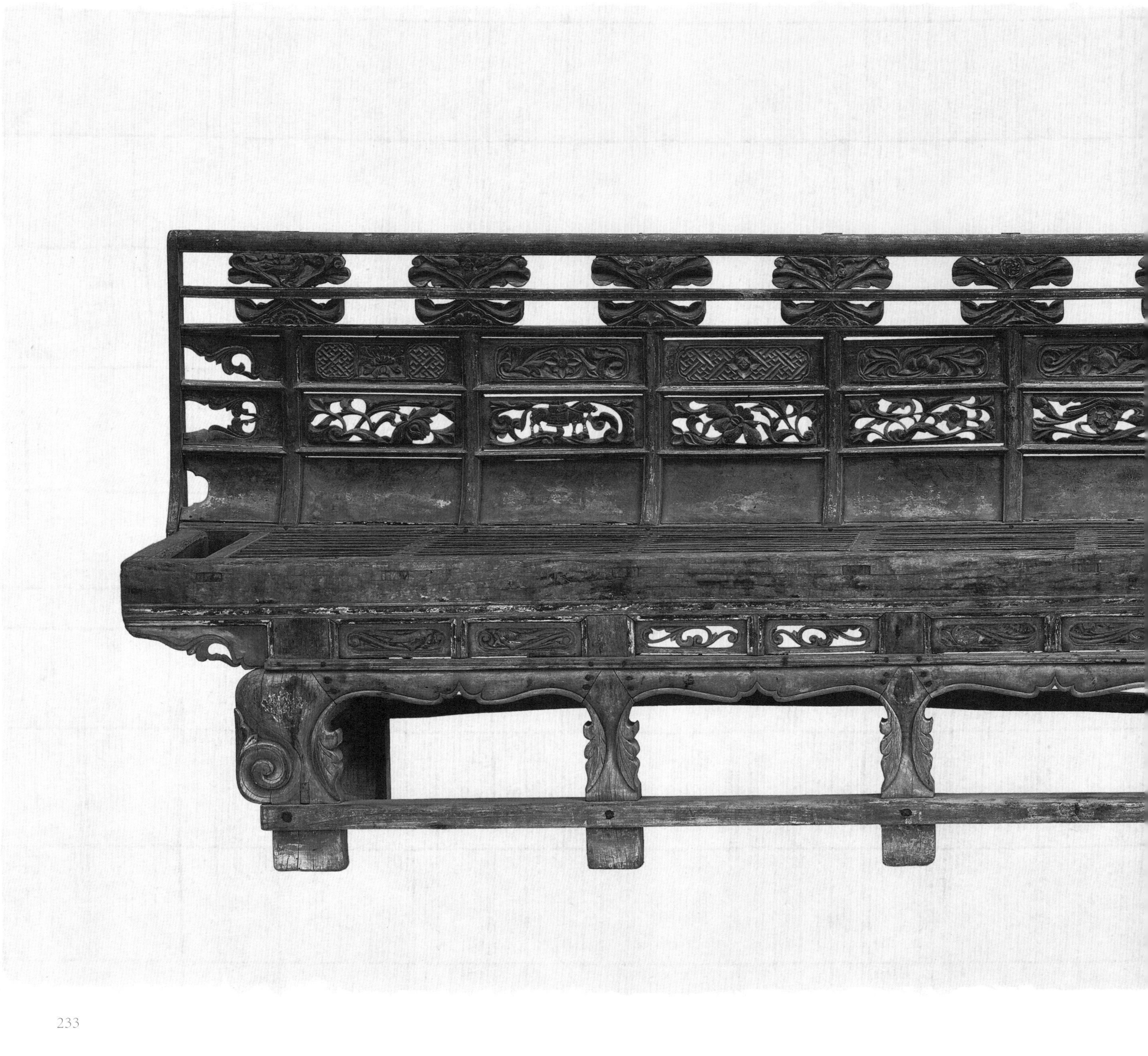

# 天眞。

不入凡尘太天真。

圣人法天贵真，因其最得生活本质。一机一墩，不过多地受制于『礼藏于器』的约束，以相对自由与单纯的思想，散漫于日常生活之中，以众生之相，打动众生。

# 第九一件

## 黄花梨夔龙纹交杌

长五八厘米　宽四七厘米　高五一·三厘米

一七世纪

交杌源自汉时传入中国的胡床，又称『马扎』，亦写作马栅、马闸。

此交杌黄花梨制成，造型简洁，座面前有浮雕夔龙纹，图案工整，具华美装饰效果。前后腿相交，贯铜件为轴。

交杌下带有脚踏，显示前后有别，为造型较复杂、考究者。脚踏上钉方胜式铜饰件。

第九二件

# 黄花梨缠枝莲纹罗锅枨长方凳

长五七厘米　宽五七厘米　高五〇厘米

一七世纪

凳以黄花梨木制成，色略黄，细腻坚实。

素冰盘沿，束腰与牙板一木连做，牙板宽厚，上浮雕花纹，中间一朵莲花，向两旁生出缠枝，花叶肆意翻卷，雕刻流畅舒展。腿上部与牙板相交处浮雕如意云纹，是家具上金属构件遗意，具装饰意趣。四足略外膨，下有扁马蹄，腿间以罗锅枨连接。牙板及腿沿起粗阳线，力度十足。

此凳因四腿的膨出而颇显敦实稳重，但比例拿捏到位，不觉笨重，是上乘之作。

第九三件

# 黄花梨罗锅枨长方凳

长五一厘米　宽四二厘米　高五〇厘米

一七世纪

凳以黄花梨制成，色黄中泛红。

此凳为典型明式家具。冰盘沿薄，束腰狭窄，极见秀气，牙板开壶门，线条小巧有弹性，腿间罗锅枨，下沿起宽阳线。三弯腿为此凳最出彩处，曲线柔婉，下端卷为云头，如同芭蕾舞演员脚尖点地，轻盈可爱。

黄花梨缠枝莲纹罗锅枨长方凳（局部）

黄花梨罗锅枨长方凳（局部）

## 第九四件

# 乌木顶牙罗锅枨方凳

长五八厘米　宽五八厘米　高五二厘米

一八世纪

方凳以乌木制成，色黝黑，光泽温润。凳边抹较宽，攒框打槽装板，面心双拼板，素冰盘沿，矮束腰，牙板光素，腿间装顶牙罗锅枨，枨子两端有拐子纹状构件抵在牙板上，有斗拱遗意。

马蹄腿俊朗，马蹄较高，显示此物制作年代在清代中晚期，硬木杌凳中座面多见软屉和木板两种，后者以广做或京作居多。

此凳制作工艺上好，用材名贵。

## 第九五件

# 铁梨木方凳

长五六厘米　宽五六厘米　高四八厘米

一八世纪

凳铁梨木制，后补软屉，凳面素冰盘沿，矮束腰，牙板平素，马蹄腿敦厚，腿间直枨。

铁梨木木材珍贵，材质优良，结构均匀，纹理交错密致，强度大、耐磨损、抗腐、抗虫蛀，耐久性强。质硬重，树干通直，气势雄伟，是上好用材。

第九六件

# 黄花梨顶牙罗锅枨长方凳

长九五厘米　宽七五厘米　高五二厘米

一七至一八世纪

凳以黄花梨为材，用材粗硕。

造型极简，冰盘沿较薄，束腰与牙板一木连做，是用料较奢的做法。牙板起阳线，与腿足交圈。腿间有高拱罗锅枨顶住牙板。四足挖马蹄足，兜转有力。

此凳用料佳，结体粗壮，是黄花梨制家具中较厚重的一种。

## 第九七件

# 榆木霸王枨方凳

长六一厘米　宽六一厘米　高五三厘米

一七至一八世纪

方凳座面软屉，冰盘沿为双劈料做法，其下牙板亦做成素混面，与凳面形成三层叠加的效果，牙板两端做弧嘴与圆腿相接，腿间装高拱罗锅枨顶住牙板。此凳特殊处在于圆腿上装有霸王枨，抵在座面穿带上，比较少见。

此凳处处浑圆，不做装饰，错落有致的结构和混面线脚的处理较为成功。

## 第九八件

# 柞木裹腿顶牙罗锅枨方凳

长五七·五厘米　宽五七·五厘米　高四一厘米

一八世纪

柞木又名高丽木，是北方尤其是东北地区所产木材，色偏红或黄，坚硬牢固，清代宫廷家具中也有使用。

方凳攒框装软屉，边抹劈料做，上宽下窄，裹腿牙条狭窄，素混面，与边抹如同三料叠置，在牙条近腿处另附一层，具层次变化。裹腿罗锅枨高高拱起，顶在牙条上，罗锅枨转折处本该挖去的余料雕为卷草纹，既有装饰作用，又有加固作用。圆腿足，直落地。

## 第九九件

# 黑漆罗锅枨方凳

长七一厘米　宽七一厘米　高五二厘米

一七至一八世纪

凳薄髹黑漆，有脱落。软屉面，边抹素冰盘沿。面下牙条平直，牙头处雕为对翻的云头，顿觉玲珑。腿足做成瓜棱状，四腿间以罗锅枨相连。

此凳造型简洁，瘦劲挺拔，尺寸甚大，有观点认为是禅坐用具。

第一〇〇件

# 红木镶白石卷云纹委角长方凳

长四六·五厘米　宽三六厘米　高四七·五厘米

一八世纪

长方凳以红木制成，木质细腻，色泽黝黑，颇似紫檀。边框做委角，束腰、腿足随形亦做成委角状。凳面攒框装白石，边抹浑圆，束腰打洼，鼓腿膨牙，牙板上铲地浮雕倒垂云纹，两边相连云纹翅，云纹转折流畅。腿足膨出甚多，亦有上翻云纹翅，下端内翻高马蹄，腿足粗壮，马蹄挺拔。

此凳用料较奢，具广作家具风格，曲线柔婉流畅，内含力量，是一件非常成功的作品。

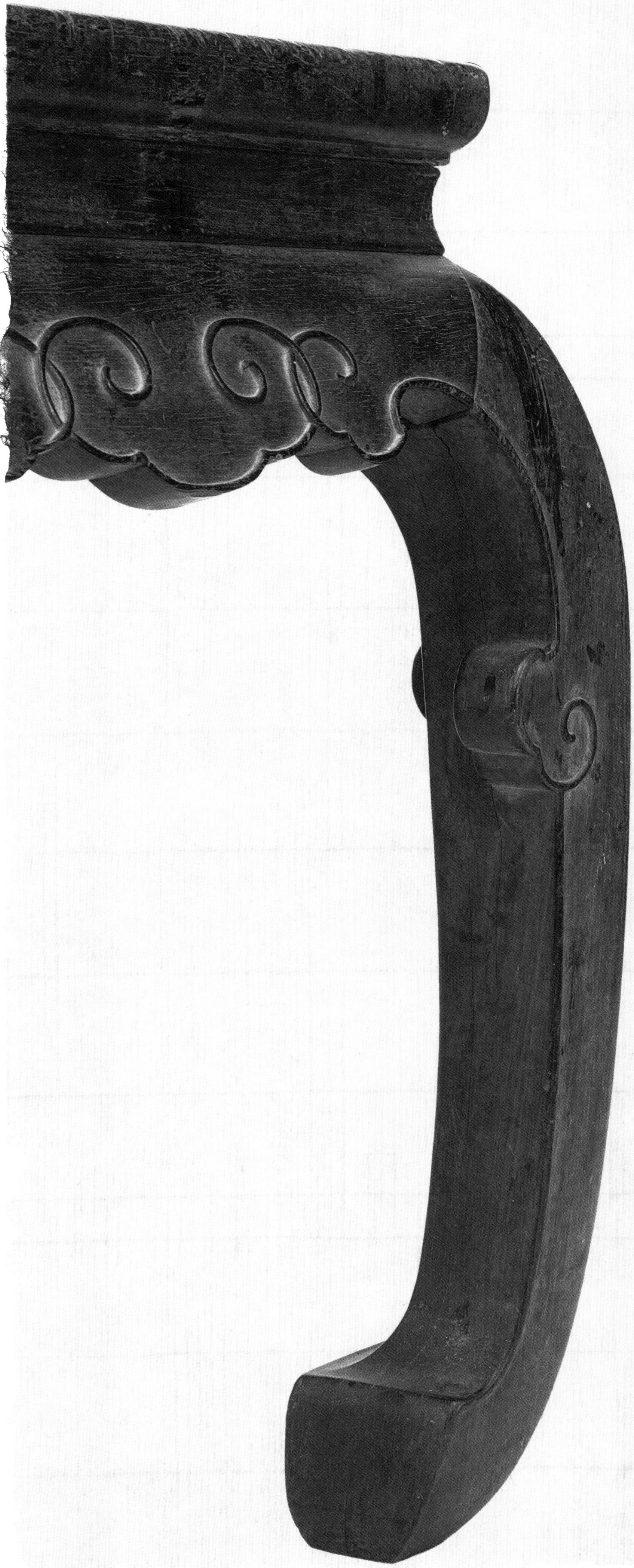

## 第一〇一件

# 核桃木委角方凳

长四六厘米　宽四六厘米　高五〇厘米

一七至一八世纪

凳为方形委角，因为委角较大，整个形状已近海棠形。凳面落堂装板，边抹素混面，矮束腰，牙板膨出较多，垂洼膛肚，腿足亦随凳面做成委角，下端内翻马蹄如钩，极具力度。

此凳造型简约，委角和内翻马蹄做法是精彩之处，同样造型者，过目不过二三。

# 第一〇二件

## 楠木银锭形凳

长五一·五厘米　宽四四厘米　高四七·五厘米

一八至一九世纪

凳以楠木制成，座面为变体银锭形，较为少见。

凳面边抹素混面，牙板及管脚枨都随座面形状中间凹下，牙头雕作云头，有修配。

此凳原髹黑漆，已褪漆。椅面有两个对称小方槽，为褪漆后才见，从位置看不是靠背椅或扶手椅改制，疑为工匠以旧料改制，或为误凿等不可知原因。

核桃木委角方凳（座面）

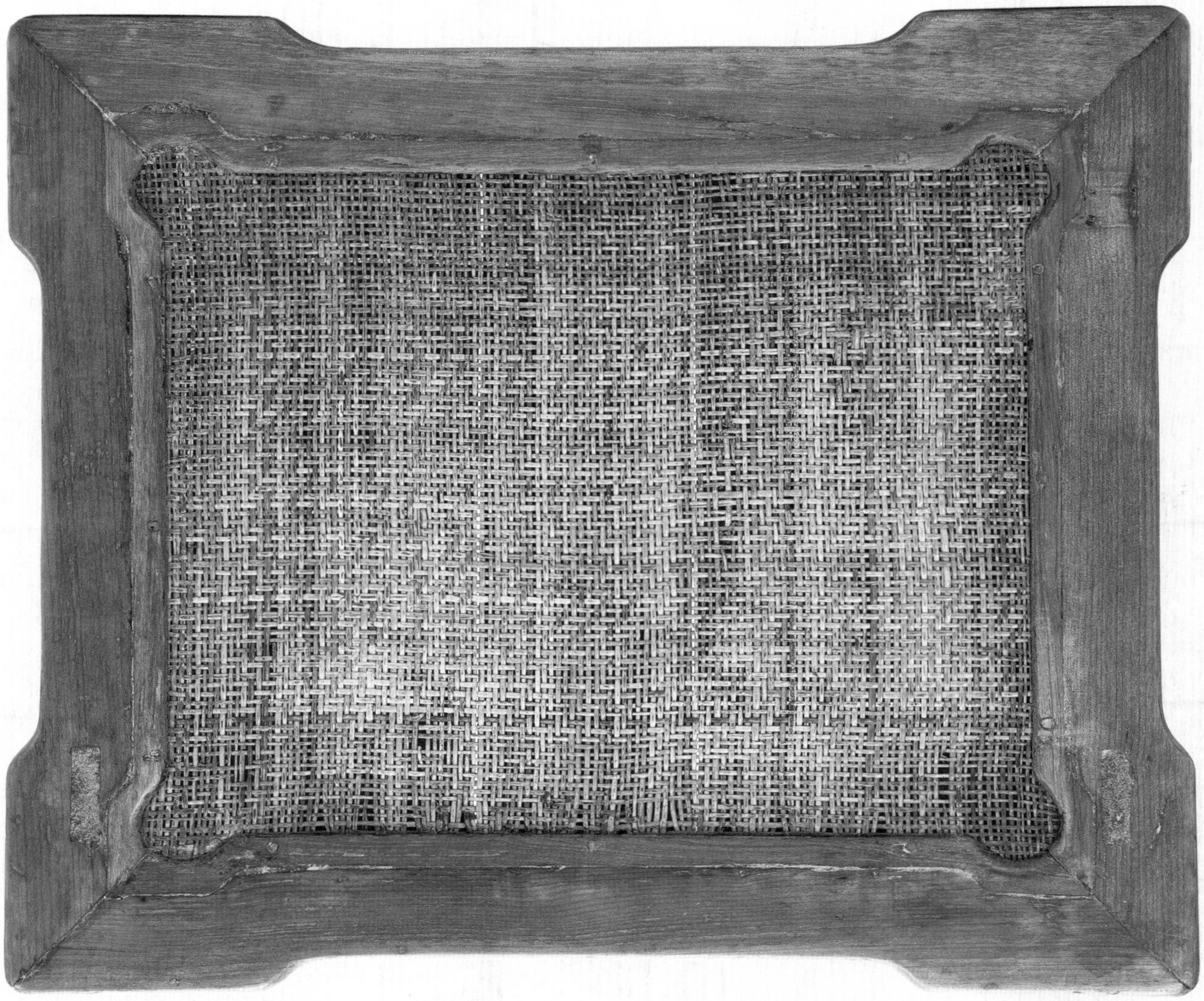

楠木银锭形凳（座面）

# 第一〇三件

## 鸂鶒木卷云纹方凳

长四一厘米　宽四一厘米　高三九·五厘米

一八世纪

凳以鸂鶒木制成，成对，木质细腻，黄褐色。鸂鶒为类鸳鸯的一种水鸟，羽毛璀璨华丽，此木因木纹类此而名之。

凳造型简洁，冰盘沿线脚变化丰富，有层次感。牙板中垂洼膛肚，上雕如意卷云纹，起阳线。圆腿直落，有圆管脚枨。

此凳比例恰当，虽为清代做工及装饰手法，但造型简洁，尚不失明韵，更难得成对。

# 第一〇四件

# 红木方凳

长三八厘米　宽三八厘米　高四四厘米

一九世纪

凳成对，造型简洁，具空灵之感。

座面攒框装软屉，边沿起委角线。其下设窄牙板，与边框拼接为一体，腿足与牙板、边框以粽角榫结合，矩形腿足，有委角线。凳足为腿足与管脚枨相交后出头，翻出小巧龟足，为凳子增色不少，不仅可以保护凳足，防止槽朽，而且有装饰作用。管脚枨采用罗锅枨形状。

## 第一〇五件

# 榆木夔龙纹方凳

长五〇厘米　宽五〇厘米　高五〇厘米

一八至一九世纪

方凳攒框装木板，边抹与腿足以粽角榫结合，即所谓的四面平式，面下牙板宽厚，镂雕为相向的夔龙纹，龙身曲折繁复，为清代中晚期常见样式。四腿直落，下方有管脚枨约束腿足。

方凳造型简单，装饰具民俗趣味，器形规整，有些富贵气。

## 第一〇六件

# 黑漆长方凳

长五〇·五厘米　宽三九厘米　高五三厘米

一八五七年

长方凳攒框装板，边抹冰盘沿敛入较多，圆腿足，以裹腿横枨相连，劈料做使看面富于变化，与凳子整体轻巧纤细的风格一致。裹腿枨与面之间以横竖短枨攒为步步锦式棂格。腿下端亦以裹腿枨相连，提醒观者注意的是这里的枨子不再劈料做，是因其靠近底部，比劈料做更显沉稳。

凳底有墨笔书款识，其中一穿带上书「咸丰柒年桂月吉日记」。

## 第一〇七件

# 榆木云纹长方凳

长四六·五厘米　宽三〇厘米　高五一厘米

一七世纪

榆木长方凳，造型朴实，独板为面，边抹素混面压边线，面下正面卷云纹牙板，有横枨连接腿足，侧面双梯枨，上方枨子与面之间镶嵌绦环板，镂雕卷云纹。

此凳造型简洁，结体稳重扎实。正面装牙板，侧面绦环板的做法，在翘头案中较为多见，杌凳中少见。

第一〇八件

## 柏木长方凳

长四三·五厘米　宽三二·五厘米　高四九·五厘米

一七世纪

柏木长方凳，凳面冰盘沿简素，面下刀牙板，牙头宽厚。腿间四面皆装梯枨，侧面梯枨间装海棠形开光绦环板，正面梯枨位置降低，以做踏枨之用，梯枨间矮佬界为两档，镶鱼门洞开光绦环板。

此凳做工细致，具古朴风格，样式可上溯宋元。

天真
不入凡尘太天真？

## 第一〇九件

# 黑漆彩绘描金花卉纹梅花形凳

高五〇厘米

一九世纪

此凳以槐木为胎，髹黑漆，上有描金及彩绘纹饰。梅花形座面边抹简约，边缘饰「卍」字纹，高束腰、托腮、膨牙皆按比例和谐跟随梅花形面变化。束腰、托腮描金绘香草纹，壶门牙板及三弯腿彩绘描金缠枝花卉纹样。五足造型稳健，线条浑圆有力。三弯腿中部翻云头，足底外翻马蹄。托泥梅花形，与凳面呼应。

第一一〇件

# 榆木圆凳

面径四七厘米　高五三厘米

一八至一九世纪

凳以榆木制成，圆面，冰盘沿简素，仅在下沿有压边线，束腰有剑环式开光，牙板膨出，做成壶门，翻阳线。三弯腿足，中间雕花叶上翘如翅，至底端为外翻花叶卷球足，腿间有步步紧花枨连接。

此凳造型憨厚，腿足的做法较为成功，上翻花叶使其略显轻盈。

## 第一一一件

# 梓木圆凳

面径四四厘米　高五〇厘米

一八至一九世纪

圆凳成对，梓木制，薄髹紫漆。座面拼板为之，素混面。束腰与牙板皆窄，牙板上开小壶门，曲线轻巧可爱。腿足外膨，往外挓出，下端内翻扁矮马蹄足，向两边外撇如蹼。

此凳造型简洁，形如鸭梨。腿足曲线上缓下急，与常见鼓腿做法迥异，更见稳重。造型有明清版画中杌凳意趣，颇合古味。

第一一二件

# 黑漆桃形凳

长三五厘米　宽三五厘米　高五〇厘米

一八至一九世纪

凳成对，面以独板挖成，略近桃形，边抹素混面。高束腰，下有托腮。牙板宽厚，随凳面波折，做出壶门，边起皮条线。三弯腿，至底端外翻为花叶卷球状。

此凳具拙朴面貌。

第一一三件

# 红木镶瘿木葵花形凳

面径三四厘米　高四〇厘米

一八至一九世纪

凳以红木为骨架，镶嵌瘿子木面，具装饰效果。凳面葵花形，边抹素混面，两边压边线。束腰鱼门洞上有出廓卷云纹装饰，颇得装饰意趣。牙板雕卷云纹。束腰与牙板皆随凳面做成葵花形，腿足委角状，内翻马蹄足，向两边撇出如蹼。

此凳造型端正厚重，加工精细，四件成套，更为难得。

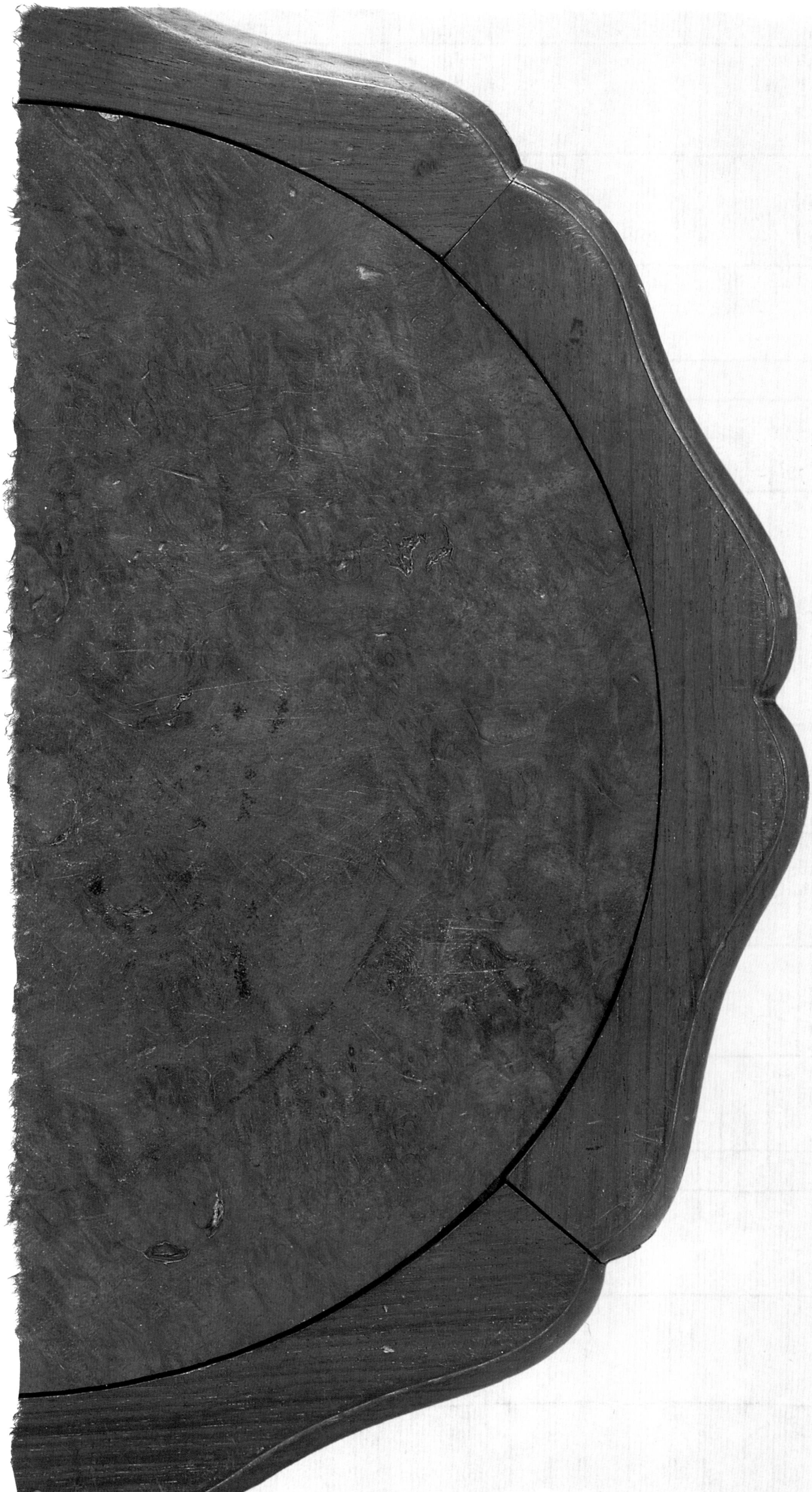

## 第一一四件

# 榆木兽面纹圆凳

面径四二·五厘米　高五三厘米

一八至一九世纪

凳为榆木所制，原擦有紫红漆，掉落殆尽。五攒圆面，软屉面，束腰下有托腮，牙板雕勾云纹组成的兽面纹，下垂洼膛肚。腿足以插肩榫与牙板相接，上端有朵云纹披肩花，鼓腿膨牙，五足卷如象鼻，内翻为如意云头状，下承托泥。

此凳造型简洁，尚有明风，但雕刻图案为清代中期以来流行的仿古纹饰。

第一一五件

## 红木镶大理石圆凳

面径四〇厘米　高四五厘米

一九世纪

鼓凳以红木为材，镶大理石座面。

凳面框与牙板浑然一体，略做出洼膛肚，上有椭圆形开光，四足膨出，中间较宽一段亦有椭圆形开光与牙板呼应，可视为变体如意形。腿间以矮罗锅枨连接，下承龟足。

此凳造型秀丽，无拖沓繁冗之感。凳面镶嵌大理石的做法在清晚期广作家具中最为多见，概南地潮湿酷热，夏季使用以增凉气。

第一一六件

# 湘妃竹黑漆面坐墩

面径四二厘米　高四七厘米

一八世纪

坐墩黑漆面，以独板为之，凳边平切，无任何装饰。墩体以湘妃竹绕为圆环，缠以藤条，形成内外两组套环式结构，中间膨出甚多，底端承以玉璧式底座。

竹制或藤制鼓墩轻便，结构不及木质牢靠，难以历久，常见于古代绘画作品中，偶见清晚期及民国制品。此坐墩具较早期家具风格，以珍贵湘妃竹制成，能更受重视，或是其得以传世的原因之一。

明 仇英《竹林品古图》（局部）

## 第一一七件

# 紫檀镶大理石仿藤鼓墩

面径三六厘米　高四八厘米

一八世纪

此墩成对，比例适当，做工细腻，打磨圆润，以黝黑紫檀制成，面镶大理石。上下沿嵌有铜鼓钉，五开光，中间有仿藤圆环枨。

藤或竹制坐墩在宋画中已是多见，但因材质不易保存，存世少有，这种仿藤或仿竹结构鼓墩尚存其意。

第一一八件

# 红漆彩绘戗金螭龙纹梅花形坐墩

面径四六厘米　高四六厘米

一八世纪

墩成对。座面梅花形，彩绘戗金螭龙纹，龙纹夭矫灵动，尚有清康熙、雍正时期纹饰特征。束腰、牙板与座面梅花形轮廓呼应，牙板外膨，开壶门，上彩绘戗金螭龙纹。墩身与常见坐墩造型不同，以五个海棠形构件相连而成，构件挖为上下相对的云头。这是极其复杂的结构，非一般匠师所能为，堪称高手炫技之作，不过确实也取得了良好的效果。构件上皆满饰戗金缠枝莲纹。下承梅花形拖泥。

此墩造型奇特，装饰华丽，典型的宫廷风格家具，显示了清代初期家具造型开始追求新奇的趋向。

此墩收录于最早的中国漆家具书籍——《中国家具》（一九二一年版）中，辗转百年，得以传世，殊为难得。

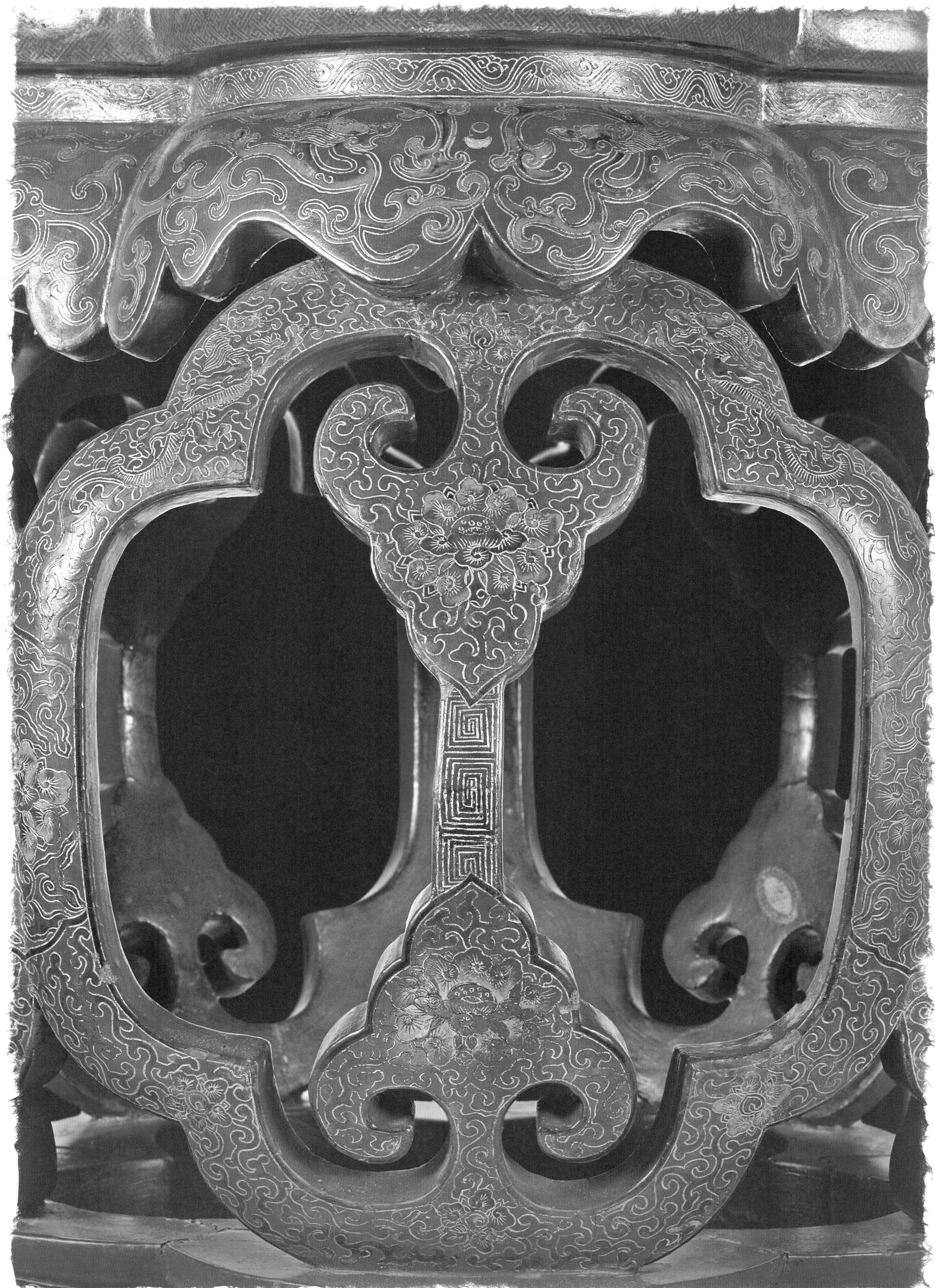

第一一九件

# 琉璃梅花纹鼓墩

面径三五厘米　高四〇厘米

一六世纪

鼓墩造型别致，顶和底较细，中腰鼓出较多，形如枣核，又似酒坛上下各扣一大盘。上下沿各浅刻帽钉一圈，墩腹两侧圆形开光，内镂雕花卉纹，梅枝老干纵横，花苞繁多，具极旺盛生命力。不重清淡雅致，崇尚旺盛生命，这是北方器物装饰纹样典型特征。墩腹另侧设桃形抠手，便于搬挪器物。

山西是制作琉璃的主要地区，此墩即出自该地，釉色深绿，光泽莹润。

第一二〇件

# 珐华狮戏纹鼓墩

面径三六厘米　高四二厘米

一七世纪

鼓墩成对，出自山西。

釉面脱落严重，万幸胎骨保存尚好。造型壮硕，墩面平阔，上下沿有凸出鼓钉一圈，极肖鼓上钉旁压宽皮条线，极肖鼓上蒙皮的效果。墩腹上雕塑突出的戏彩球狮纹，狮子体格健壮，肌肉丰满，拧身做势，充满张力，具典型明代狮纹特点。

# 第一二二件

## 石方坐墩

长二七厘米　宽二七厘米　高四六厘米

一六至一七世纪

方墩成对，青石质地，材质坚实，具有传统坐墩腹部大、上下小的造型特点，转折处刚劲有力。两侧凿出抠手，颇得意趣处在于将抠手处就势做成果实形，在旁边浮雕果蒂、树叶。

坐墩最便园林庭园使用，故反倒是石质者颇多，此墩尚有明代坐墩扁矮朴实的风貌，方形面较为少见。

第一二三件

# 石花鸟纹鼓墩

径四四厘米　高四〇厘米

一六至一七世纪

白石上红脉如丝络，质如玉，为南京地区特产的金陵红石。

鼓墩成对，造型类鼓，腹大体圆，矮壮敦实，上下沿各浮雕一圈鼓钉。鼓身上有扁方形委角开光。其内减地浮雕花鸟动物纹样。一侧为喜上眉梢图，梅树老干新枝，梅花数点，一只梅花鹿，俯仰雀跃，煞是喜庆，寓意吉祥。另一侧为松鼠葡萄图，树枝盘曲回转，籽实累累，两只松鼠，尖头小耳，探头探脑，憨态可掬，寓意「多子多福」、「一本万利」。

传续

# 第一一三件

## 花梨木榆木花边形凳

长四三厘米　宽三三厘米　高五一厘米

一九世纪

此凳以独板花梨木为面，挖为不规则花边形如荷叶，落堂起鼓心，边缘就势挖成拦水线，独具匠心。四腿八挓，以榆木制成，圆腿足，四腿间以前后低圆赶枨相连。

第一二四件

# 榆木仿竹节圆凳

面径二八厘米　高五二厘米

一九世纪

圆凳成对，以榆木为之，边沿素混面，上下有压边线。三足，雕为竹节，腿间有枨汇集中间连接一鼓形构件。此凳造型奇特，竹节式腿足富有装饰意趣。

# 第一二二五件

## 黑漆云纹条凳

长八一厘米　宽一一厘米　高四四厘米

一九世纪

榆木小条凳，造型秀美，结体修长，有宋式家具风韵。牙条与腿为夹头榫结构，腿足上端出透榫。断牙云头牙板，简洁纯粹。腿间侧面装有素浑面双直枨。腿足骑马挓显著，上饰打洼委角线。

此条凳最为突出的特点在于凳面狭窄，云纹牙板随之缩小，苗条之极。从承受力看，不适合长坐，因其轻便易携，或为上轿之用。

第一一六件

# 榆木夔龙纹条凳

长九五·五厘米　宽五八·五厘米　高五一厘米

一八至一九世纪

条凳榆木制，用材壮硕，结体坚实。

独板为面，边沿素混面，刀牙板，铲地浮雕拐子纹，突出的纹饰髹黑漆，地子髹红漆，形成对比。四腿八挓，腿间连以双梯枨。

条凳多为民俗用具，少有雕刻装饰，此件雕刻工整，不落俗套，也属难得。

## 第一二七件

# 榉木罗锅枨矮佬春凳

长一一一厘米　宽三九厘米　高五一厘米

一八世纪

凳以榉木为之，软席面。

凳面边抹为圆包圆做法，这是明式无束腰家具的一种，北京匠师称之为『裹腿做』。凳面下有裹腿牙板，角牙亦裹腿，形成一种劈料效果。四腿间罗锅枨采用开门上山的做法，即从腿足出起便上扬。圆柱形腿，直足。

此凳边抹线脚圆润，不起棱角，装饰手法尚有竹藤家具特点，简练舒展，美观大方。

# 第一二一八件

## 榉木云纹条凳

长四四厘米　宽一一三厘米　高四三厘米

一八至一九世纪

条凳成对，坚硬榉木为之，色泛红。

凳形态厚重，独板厚面，牙板有如意云纹装饰，中开壶门，边线斜刀铲出，具爽利效果。腿足素混面，有压边阳线。四腿八挓，尤其侧面的挓度即所谓的骑马挓很大。

以往所见条凳多为双人凳，此凳尺寸较小，为单人独坐的板凳，造型小巧可爱，较为少见。

# 第一二一九件

## 榆木剃头凳

长四三厘米　宽一一六厘米　高四六厘米

一九世纪

此凳造型别致，颇似一个帽顶大喷、挓度极大的圆角柜，这是一件剃头凳。凳面两端伸出颇多，便于绳子兜揽，因岁月悠久，来回磨砺，绳子已经在面下磨出了深深一道痕迹。面上钉有金属面叶、包角，并锼镂、刻划为蝴蝶纹及如意云纹，中间长方形金属件中留一空，直透凳面，顾客可至此投放钱币，落入上层的抽屉。一侧设抽屉三层，下有闷仓，抽屉面上有金属扭头、吊牌等，可上锁。剃头凳的榫卯交界处，多有金属包角加固。牙板处原饰有双狮绣球纹金属件，现只残存部分，但憨态可掬狮子依然招人喜爱。

此物既可储钱币和工具，又可作剃头时顾客的坐具，集坐具与皮具于一体。剃头凳很有民俗趣味，但制作工艺尤其是金属配饰如此件考究者，也不多见。『剃头挑子——一头热』，这是不热的一头。

## 第一三〇件

# 琉璃龙纹禅坐

长五一·五厘米　宽五一·五厘米
高一一·五厘米
一六世纪

禅坐是以木、石等质做成高台，以便参禅静坐之用。

此禅坐四面平式，形如方形高台。侧面菱花形开光饰有图案，其中两侧图案相同，皆饰双龙纹，其形健硕如虎，一龙回首凝视，一龙张牙舞爪而来，烂漫自然。另外两侧，一为云鹤纹，一为松竹梅三友纹，这种做法显示禅坐前后有别，云鹤纹应是朝向前方。

## 第一三一件

# 天然木坐墩

长四〇厘米　宽三三厘米
高三二厘米
一七至一八世纪

坐墩取柏木树根一段，横断取平是为面，槎桠为足。

此墩得于自然，不见斧斤，周身包浆明亮，使用历史不短。于俗人言，是树桩一段，于文人大夫，则是山林野趣，坐咏陶潜之佳物。

南宋 佚名《十六罗汉像》（局部）

## 第一三二件

# 黑漆坐榻

长一三四厘米　宽八五厘米　高四八厘米

一八世纪

坐榻造型简练，边抹素冰盘沿，爽利敛入，束腰光素，牙板大挖，与腿足柔婉交圈，边起阳线。腿足亦大挖香蕉腿，非常优美。

坐榻起源甚早，是席地而坐时期重要的坐具，至宋代，垂足而坐方式取代席地而坐方式，其后坐榻少见。

此榻的牙板与腿足制作尤为精彩，实属难得，更何况是坐榻这一传世少见的品种。

# 第一三三件

## 楠木拐子纹坐榻

长一六〇厘米　宽六三厘米　高五〇厘米

一八世纪

坐榻边抹简素，下承矮束腰。牙板略宽，中段下垂，外翻花牙，垂肚上浮雕拐子纹，边起阳线，与腿足交圈。腿足间连以罗锅式管脚枨，与下垂牙板呼应。管脚枨与腿足斜角榫接，功能相当于拖泥。

此榻从纹饰上判断制作于清中期，实属少见。

# 立象。

取法万物，象在谁心？外观于造化，内省察自我，而后立象。其时，人文关怀的沉思与眷顾，均被注入到作品的生命之中，故『象』涵纳万千。如今它们汇聚一堂，或和而不同，或志同道合，均是社会发展历史契机的缩影。

# 读懂椅子

张德祥

在古典家具中，椅子的结构最为复杂。它有靠背、搭脑、扶手、座面、前后腿……它把人体的四肢躯干全部照顾到，是高度情趣化、拟人化的家具。不仅如此，椅子与人的距离还最为贴近。人们的起居坐卧中，大部分时间是在椅子上度过的。相比之下，柜子、桌子等都不如椅子离人近，椅子就像人的另一种衣服与我们朝夕相伴。因为受古往今来文化、经济、意识形态等方面的种种影响，椅子形成了千差万别的造型。它不但承载了人们丰富的情感，还展现了精湛的技术，以及至高的美学成就。

中国的椅子，材料从民间最普通的榆木、杨木到社会上层使用的黄花梨、紫檀；工艺从清水不上漆的素雅质感，到金漆镶嵌及披麻髹漆的繁琐，其形态可谓千变万化。

在不同的环境中，椅子也呈现出不同的艺术造型。厅堂中，椅子的造型端庄坚固，向人展示质朴的同时却不失主人的礼仪礼节；闺房中，椅子的造型灵动秀雅，向人展示女子柔媚的同时却不失闺秀风范；书房中，椅子的造型书卷气浓厚，向人展示了深厚文化气息的同时却不失主人对美的个性追求；寺庙中，椅子的造型威严神圣，不可亵渎，向人展示佛道法礼的同时却不失悠然禅意；宫廷中，椅子的造型尊贵典雅、华美富丽，在展现豪华气派的同时又不失皇家至高无上的权力象征……如果把不同的椅子读懂，就相当于读懂了全部中国古典家具。

木工作业中，匠师们最怕做的就是椅子。椅子不但有难以拿捏的角度，还有各种构件的相互穿插。虽然其断面直径很细，但要承担频繁的压力或扭动，所以对榫卯设计的要求更高。因为只有这样，才能保证椅子的稳定性及使用寿命。除此之外，椅子上还有很多特别的构造是其他家具所少有的。如藤屉、联帮棍、靠背板等。这些都向人们传递了多种信息，是后人探究椅子所处时代及产地的重要历史依据。因此，我们说椅子是中国古典家具中最具代表性且承载信息最为全面的品类。

交椅、官帽椅、圈椅、玫瑰椅、太师椅、宝座……每把椅子都像一面旗帜，在家具艺术的顶峰飘扬。其将各种姿态集于一身，鲜明地体现了使用者的身份和传统文化深入骨髓的影响力。

将众多古代椅子汇聚一堂，目的是通过其所携带的丰富信息向世人展示中华文明的载深履厚，通过椅子让人以少代多的理解中国古典家具的博大精深，见证千百年来我们的先民们在木工制作方面而无穷无尽的聪明智慧。

# 明清坐具管窥

蒋念慈

明清家具中的坐具，是在漫长岁月里通过数十代人士细心大胆的尝试、创新、改变而来的。在它身上，体现了浓厚的文化积淀。仔细琢磨，不难发现，各种类型的坐具显现着不同地区、风俗、阶层人士的美学认知和需求。在此基础上，工匠们结合着他们对优美、豪华、实用等概念的理解，用双手操作工具去制作家具。坐具各部分的设计有的出于他们的爱好和追求，但更多的是源于实用，造型多为基于模仿上的创新。

在漫长的坐具发展史中，担当设计角色的主要是制作者。大部分制作者只接受过有限的教育。不容忽视的是，受当时社会风气的影响，一些有良好学识背景的学者、士大夫也参与其中。这些文人雅士为提高生活品味而提出的改变，虽然可能是偶一为之的神来之笔，倾注了闲情逸趣，但这种参与往往能为设计带来飞跃式的改革。与中国的许多文化现象相似，在多方面人士参与的情况下，不论是谁对谁的模仿、诠释、改进，总的来说，一直以来，经验积累在家具制作中都是至关重要的传承方式，我认为这属于「哲匠群思」的情况。

基于以上所述，我认为，明清家具中并不存在某一个种类或款式凌驾于另一个种类、款式之上的现象。

我有一个朴素的观点：形而上的探讨古家具，易入难精，于风花雪月而言我更偏向以形而下论之。于我而言，由器而道，载道于器，应该是更能攀得到的距离。

## 坐具结构源起

世界上的文明古国当中没有一个能在土木工程成就方面超越中国（参考英国剑桥李约瑟著《中国科学与文明》卷一〇），我国木工艺在土木工程方面是以计算精细、设计巧妙、榫卯丰富见称。宋代已有多本关于这方面的专门论著，其中著名的《营造法式》（宋匠作监李诫奉敕编修，刊于宋崇宁二年。主要是在喻皓原有的《木经》基础上加上其他文献中的规章制度，再收集工匠们讲述的操作规程、技术要领、构件形制、加工方法编成）更是流传至今。中国家具的结构是从我国建筑结构中承袭演变而来，明清坐具亦是追随其后尘而有增有减，它经历了从模仿建筑结构到摆脱建筑结构的演变。确切地说，坐具上每一个部件在历史发展中都曾经有过改变，而且每一个变化都曾含有美好的愿望，但却只有少数的变化能得到后来人们的认同和赏识。

## 明清坐具结构概述

就结构和设计而言，明清竹木器坐具基本是以直材和曲材采用框架结构设计为主。坐具是中国家具中款式最多、用材最广泛的。比如，一张椅子的设计中首先就要考虑承受两个外力——向下坐的和向后倚的力。如果不能长期承受这两种外力，再优美的线条亦谈不上成功。即便是已经接受长期使用考验的明清家具，在它们当中仍可分辨出承受能力的高低。明清竹木坐具以其丰富多样的榫卯结合方法配合不同的木材，均衡地分解了上述两种外力。榫卯结构是明清竹木器坐具的最成功之处。

榫卯结构在中华大地一直被全面地沿用着，有着相当的稳定性和统一性。从好的一面讲，这类木工制作的成品坚固耐用，无需铁钉（有别于用来锁榫的关门钉、销钉、楔钉），稍加胶固定即可，但从另一方面讲，榫卯结构亦限制了明清坐具的设计发挥。明清坐具的另一个软肋在于掌握人体工程学尺寸方面。人类在坐的状态下，越向后倾神经越松弛，但平均来说明清坐具的后倾角度比欧美坐具的后倾角度要小。其实，坐具的后倾角度与座面高度、斜度及座面的平整度都是相互关联的，在其他部位亦如是。倘若这个问题得不到研究和解决，那么，坐具就很难达到倚坐舒适的目的。当然，人体工程学是一门近代才兴起的学科，而对它的关注程度，则决定了我们的制作者与国外的制作者在这方面的差距。古人留给我们的这些坐具，有的比较契合人体工程学，有的则与之相悖，尚需我们更多地分析。

## 功能与款式的关系

坐具后倾角度小可能与中国坐姿礼仪有关，这不能不让人自然联想到后倾角度最大的躺椅和睡椅。这类坐具的装饰性雕刻较少，甚至大部分没有雕刻，使用高档木材并施以复杂工艺的更是凤毛麟角，这大概与它们是在私人空间使用的坐具有关。其实，大部分的明清坐具在设计上是有特定的使用空间的。

躺椅、睡椅主要使用于卧室、睡房、书斋、后花园；宝座型的坐具除皇族使用外，也可陈设庙宇精舍为打坐修炼之用（当然，宝座与禅椅两者是有分别的）；合两三人宽的长椅（当地人称作佛床、炕床）常见于岭南人家之厅堂及会客地方；长两米至五米的排椅、庙椅，在山西、陕西是众人庙会看戏之用；扶手靠背笔直的太师椅、公座椅，则用在厅堂接见宾客；矮靠背的玫瑰椅、窗前椅自然就是放置窗前走廊中；交椅方便移动及出行之用。至于常见的四出头官帽椅、南官帽椅似乎是多种用途的坐具了。其他如圆凳配圆桌，较高的童椅配饭桌，方凳移动配合用，望其名已知其用途的轿椅、马桶椅、童椅等，尚有很多，就不一一罗列了。总的来说，明清时的坐具在结构造型上已渐成熟稳定，开始进入细致功能分类及分场合置用的时代了。这一特点越到后期越明显。成堂成套的家具设计属于更晚期，是一种制作、功用目的成熟的表现。到了清中期以后，家具除了配合日常生活，已经兼具礼教、赏玩、传承和实用的价值了。唯庙宇中用于放置神像的神座，部分设计有如椅子一般，通常设计上有较夸张的装饰雕刻，它们不受功能和经济上的限制，尽量表现神祇的崇高，体现了世人丰盛的奉献，造型可以天马行空，虽然能准确地知道其使用位置和用途，但是它们不是坐具，应作承具视之，甚至不完全是家具了。

## 坐具的『明式』『清式』之别

历来的制作者为了迎合使用者的喜好而产生各种创作变化，文人雅士则从个人学识修养的高度对明清家具做出修正改良。变化也好，改良也好，这种坐具的变化能反映当时的社会风气和民众喜好。同时，生活形态和经济发展亦影响着家具的改变，学术上有风格演变的说法。故此，我们是能从指定的地区性明清坐具中看到年代改变的轨痕的。不论哪一个地区，每个时期都能窥见一些特定的风格改变。当然，这种风格上的区别有时是极细微的。可能是中国人有一种相对固定的审美观念，亦可能是我们的传统教育培养了因循守成的心理特点。所以，明清坐具中的时代特征并非那么泾渭分明。如果单凭款式去判断坐具的年代是一件十分困难的事情，坐具的流行款式与时间的关系并没有一种特定的公式。例如，十三陵内明万历皇帝的宝座与我们认知的『清式家具』近乎一样；而二一世纪的今天，我们依然按着古代的样板去生产制作『明式家具』，甚至以追求一模一样为最高境界。

无可争辩的是明清版画中的坐具，明式绝对比清式的多，有无可能清代的部分版画是临摹明代版画？正如我们所见到的大部分清代人物雕刻并非穿着清代服装的情况。有一点是可以肯定的，在木板上明式坐具比清式坐具更容易雕刻并清楚表现出来。

我个人认为，目前我们所指的『明式坐具』和『清式坐具』在某些时期是并行于中华大地的，并非只流行于明代或清代，这提醒我们应该重审『明式』和『清式』的定义。清末民初时期的家具受到外来的（主要是欧美的）影响，出现了极大改变，这不在本文讨论范围，这个变化是一个很大很深入的题目，留待将来再论议。

## 坐具的主辅材料

剔除坐具中点缀、装饰性的用材和加强固定用的金属辅材不谈，毫无疑问，竹木是明清坐具中最主要的生产材料了。坐具中的各种不同的木材在专业书上已多有提及，不赘。竹器坐具中常用的竹约有十多种（我国有两百多种不同的竹），制作者因地制宜、就地取材。有趣的是，不产竹材的晋南地区也有不错的竹家具，据当地人说是从外地运来制成家具的，本人就曾经拥有过带乾隆年号款的精致晋作竹家具。各种斑竹家具很受人们青睐，皇室贵胄亦多爱斑竹家具，甚至有皇帝专用的竹宝座（见《各作成做活计清档》雍正八年十月十八日，木作）。因为竹家具保存不易，部分又是农用家具，所以长期为世人所忽略。此外，陶瓷和石材也是明清坐具生产材料，仅次于竹木。我国是陶瓷生产大国，用陶瓷生产坐具是理所当然的。石质坐具的概念应该明确认定为以之制造且满足人类『坐』的行为的器具。这个概念的界定，是因为我注意到，我们目前石坐具概念混乱，往往把坟墓前的小供桌、门前鼓形几及承花盆用的座都算作坐具，这是不合理的。山间野岭上某一块随形的天然石头更不能算作坐具，除非它经过人工的刻意制作。石坐具多数为花园等户外场所的坐具，以圆、方形凳及绣墩为主；长条形的长凳及春凳，极少见到人们使用石质制作。石质坐具除少量使用汉白玉石外，多数以当地石材为主。

金属类的明清坐具亦有所见，例如：铜胎的珐琅椅子、凳子。唯未见有以铁为主材的坐具。还有一些是奇特材质的，例如『鹿角椅』。不同的材质特别是不同的木材有时会集中在某地区使用，成为当地一种特色。研究时应该多注意某地区出产的材料和使用时段。以根结或树根为材料的坐具，有拼合巧作的，亦有整件坐具用一整树根的。这并非明清特有，古已有之，我们应关注其造型而非寻找该根结出自什么树种。另有『藤坐具』，我相信明清时期一定有，但因其材质，保存不易，本人未曾见过明清时期的实物，各种著作亦未见有深入研究，目前只有文字记录。既然能确认明清时期藤坐具的实物欠奉，所以也就无法论及种类款式了，由此也可见抢救式保存实物的重要性。其他辅助材料包括藤皮和各式绳条、皮革，它们的使用主要在软座面，只有极小量使用在软靠背上。而软体的布帛或皮草的使用似乎皆是可移除的，例如椅披、椅垫等。除了前述材料，漆家具是另一大门类。它是在木材上添加灰、麻布后涂上漆的，有的还在漆面上施加雕填、剔刻、戗划、镶嵌、加彩等工艺。

所谓「漆器家具」（参考吴山主编《中国工艺美术大辞典》），其概念定义在漆面上一定要施加工艺，哪怕是最简单光素的推光漆。表面上加色髹漆没有更多工艺的归类入「漆木家具」（参考二〇世纪五〇年代末为全国文物商店统一编制的《文物收购销售参考》及吴山主编《中国工艺美术大辞典》）。

我们应该合理地认识各种材质，特别是木材，因其种类繁多，分类细而价值差别大，十分之八九的明清坐具以木为主材。大体上可以如此概括：好的材料，工匠们更愿意花时间精力去做精做细，所以一般而言，昂贵的价格背后隐藏着好的材质、好的做工。但若遇到珍贵的硬木坐具请小心检验，往往材料越珍贵越容易发现「偷料」和使用「修补料」的情况。

## 优秀坐具的要点

能得到认同的优秀坐具必须具备三个要点：功能、经济和美观，综合这三点是判断中外家具优劣的共同基础。

### 功能

功能前面亦有提及，简而言之是坐具服务的对象「人」能合理的坐而且尽可能坐得舒服，能达到「坐」的基本要求才能计较下面两项。如理发用的椅或剃头凳、船上用的船椅、轿上用的轿椅等，首先要能实现制作的目的，再完善局部去配合其功能。如人体接触之处应圆滑不起锋棱，以透气的上藤下棕绳软屉设计坐面等，都需要经过后期的完善。

### 经济

经济在这里的意思并非完全指价值的高低，如果是供一名十岁儿童学习使用的椅子，任何珍贵材质、雕刻、镶嵌都是多余的，不合经济的；又或者古代的国君坐在一张椅子上接见别国使者，那么这张椅子应该给人不凡的气势，这个时候无论多珍贵的材质，多繁琐的雕工、镶嵌都不为过。如果因为这个场效应而达成国与国的盟约，这张椅的价值就十分经济了。

精细的雕刻、绚丽的镶嵌有着很好的装饰性和趣味性，而且变化多端。只是这种把握安排需要更高超的设计技术，若稍有不慎，未加通盘考量，就很容易落入无序的部件拼合，导致主次不分。

合乎经济原则的事，众人会合作推动，并且会重复发生而得到延续。反之，胡乱的雕刻、镶嵌、堆金、嵌银，则显得繁缛昂贵而不高贵，不会得到认同欣赏，很快就会「寿终正寝」。

很多木质坐具的用料粗笨有余，设计者未科学考量所用木材可承受的各种强度，只知道把材料加大加厚，完全忘记了木工艺结构中引以为傲的「四两拨千斤」的道理。又或者设计制作者想以用材炫耀财富于朋辈前，结果却是适得其反。如此种种都是坐具制作上的不经济。

使用有度，用得其所，而且是久经耐用的坐具才是经济坐具。

### 美观

除去主观成分，美观也是有共同的客观成分。坐具的设计不宜流于形式，要顾及结构和比例是否合理，这是美观的首位。优美、和谐、协调这些形容词，包含了所使用的材料和部件之大小粗细的合理配置，比如，曲线是否富于弹性，直线是否刚劲挺拔，设计是否有创意等。如果乱加一些雕刻或嵌饰视为创新很可能会贻笑大方，当然装饰设计肯定是美观的一种元素，宜适当采纳，灵活运用，更要求精。

美观的范畴应该包含坐具的「表面处理」。表面处理主要有刮、磨、批、油、髹等工序，值得珍视的坐具皆有一道或几道这些工序。「刮」、「磨」就是最后的平整工程，不论材质，要把这两道工序做好，做完美，是一件极不容易的事情。「批」就是批灰，批灰的工作做得好，除了厚薄适当，最重要则是「长期」咬紧表面，好的批灰几百年依然完好。这个工作是需要学习知识的，光凭个人经验是不够的，必然是数代制作者的经验积累。「油」、「髹」如字面含义，明清时期的表面涂料主要是桐油和生漆、熟漆（烫腊的作用不超过二〇年将全部失效；时下所说的包浆、皮壳多非原作不再赘述），施桐油、髹漆需要一定的知识加经验，因为这道工序对工艺技术要求很高。高级油漆师傅皆懂得自行调制生熟桐油及生熟漆。同时，这又是一个没有最好只有更好的技术工种，工艺水准有别于艺术水准，但工艺水准的提高反过来却可提高艺术水准。

## 悦古

除上述三点外，「悦古」是我个人更看重的。收藏了古董家具几十年的我对「罕见」和「特别」的家具很感兴趣。艺术价值等同的罕见、特别家具，其研究价值和市场价值一定比平凡、常见的高很多，这一点除了多看多探究外没有捷径可走。

评论一件古董家具的好坏高低，还有一点非常重要，那就是其保存状态。大多上了年纪的家具，都曾经历过各种不同程度的破坏和修复。如果破坏得太厉害，这件老家具的价值就会变得很低，甚至没有。有几种破坏是会使家具彻底地失去收藏意义的，如改变了原来设计的增减构件，改变原来设计的尺寸等。如果原设计结构未被破坏，部件不丢失，即使是松散了的明清坐具，亦不失其价值。这中间很重要的一点在于，中式硬木家具有可多次修复的原设计概念在其中。漆器家具就另当别论了，因为漆饰代表了这件家具很大部分的艺术意义。修亦不能复，损坏了就损坏了，修的意义是不让破损扩大，复亦不过是障眼法，让观感舒服些罢了。

## 展望

因传统具有意义，所以现代才有意义，今天的好尚将会成为明天的传统。坐具自有人类开始即和人有着密不可分的关系，是人类生活演进史中的一部分。一件明清坐具，不只在于美观实用，更在于诠释了中国人对待使用功能、款式美感、价值取舍、材质挑选、技术把握的认知，过去如此，未来亦一样。

目前，我们的社会或者更直接地说是市场，往往不辨对错的选择性理解及宣传某些环节，合理引导的声音还不够。我明白这篇文章比较乏味，对诸多问题只是开了个头，希望得到大家的深入探讨，研究传统坐具之设计及其文化含义，从生活内涵中窥见传统坐具对现代坐具设计的影响，关注的范围不再受材质、款式、年代影响，我们将可以进而理解和弘扬中华民族优秀的文化。

# 圣灵之交椅

柯惕思

在椅类之中，交椅身世如谜，可能是最独特的品种。其造型像是结合了汉人的半圆形凭几或方椅的靠背与胡人的马扎底座。交椅最早出现于辽、宋，比其他的传统椅类晚了两三百年，其来源已无从考证。虽然起源不详，但历经漫长的发展过程，交椅最终已不再是寻常百姓们使用的家具。使用者的地位节节攀高，最终为高阶的达官贵人所专用，特别是历代皇帝和贵族们在宫外巡游、狩猎时经常使用，以表征其崇高的身份和地位。末了，也是逝者墓室里的一把空荡荡之宝座，意表逝者的灵魂升天后之座。

按照基本的造型，交椅分直背与圈背两种。在辽代的壁画中，有相当早期的直背交椅样式。图一描绘的一张直背交椅与经常被参照的北宋《清明上河图》里的交椅造型相似，都有一出头弓形搭脑与双横枨的靠背。图二中仆使背着的一把直背交椅则有更细致的描绘，能看到藤编的竖直靠背与包镶的错银配件。这样的交椅可能就是时人所谓的「银交椅」。存世的交椅中，以直背者居多。

至于圈背者，宋人张端义《贵耳集》有相关的描述：「今之校椅，古之胡床也，自来只有栲栳样，宰执侍从皆用之。」而元代《渔樵记》写道：「那相公滚鞍下马，在那道旁边放下那栲栳圈银交椅。」宋代文献《集韵》、《广韵》等对「栲栳」的注解为：「屈曲竹、柳木为圈形器物」。所言的「栲栳样」与「栲栳圈」就是圈背扶手交椅的意思；而且也说明了交椅崇高的地位，为「宰执」与「相公」之类的人提供巡游的服务。

建（辽）国之前的契丹族本是游牧民族，他们流动迁徙的生活习惯自然需要易于搬动的器物。游牧人的马扎就是古之「胡床」。辽之前或更早时期的「栲栳样」，应该就是古画中华夏高士与高僧们正坐其上的带圈背的坐椅，当时不叫椅子，称为「绳坐」与「绳床」。到了辽代，南北文化业经融合，因此新发展的带靠背的「交」椅岂不反映了汉人与契丹两民族的「交」往和「交」融。宋代《学林·绳床》：「绳床者，以绳贯穿为坐物，即俗谓之交椅之属是也。」目前有关「交椅」在辽宋之前的参考证据，尚未有任何重要的发现，但宋元时代则遍布大江南北，不胜枚举。

在许多宋元绘画里，读者能看到使用交椅的画中人都具有极高的社会地位，出门在外时交椅都随行在侧。常被引用的南宋《春游晚归图》册页中，有一老臣骑马踏青回府，侍从之一扛着圈背交椅。《钟馗嫁妹图》也描绘一鬼仆背着钟馗罩了虎皮的圈背交椅（图三）。元《竹林大士出山图卷》则描绘安南王出山至古城，也有随从仆使背着直背交椅尾随御轿之后（图四）。交椅不仅是地位的象征，而且便于出行携带。

刊于明初《新编对相四言》是一本古代的看图识字读物。其中椅类家具唯独「交椅」（图五）列册，这也能看作是交椅独具重要地位标志的表现。明初朱檀墓中有大批陪葬的冥器家具，对明早期家具的研究深具价值。冥器中的椅类，也仅有「交椅」一款（图六），器表仍然残留着皇家典型金色漆作的遗迹。样式上也相当贴近宋画中的描绘。用料厚实的圈背扶手融于一

图一 辽 壁画局部

图二 辽 壁画局部

图三 元 颜庚《钟馗嫁妹图》局部

图四 元《竹林大士出山图卷》局部

图五 明初《新编对相四言》局部

图六 明初 交椅模型 朱檀墓出土

蜿蜒的线条上，倾斜角度几近与地平，卷纹大手把则与在日本发现的交椅相似（图七）。至今日本一直保有诸多唐宋时代中华文化的形制特征，这类特征也可见于四川出土的宋墓石刻以及颜庚画作中钟魁独尊的交椅（见图三）。本节各例的扶手和手把弧度曲线都表现得淋漓尽致，到了后来的实例中却踪影全无。

明中期《竹园寿集图》（图八），顾名思义是三位同值大寿的人在竹园雅集，有吏部尚书屠庸、户部尚书周经、御史吕钟，他们都坐在木纹可见的交椅上。明初《明宣宗宫中行乐图》（图九）与清初《康熙南巡图》（图一〇）中，也分别描画御用交椅。前者是宣德皇帝在皇家御花园行乐，主位是朱砂红漆交椅；后者是康熙皇帝在外巡视，坐于金漆交椅上。无论是巡幸、狩猎、游园及任何特殊场合，交椅除了移动方便的特点外，还具有彰显皇帝威仪之功能。

明代《西游记》、《水浒传》与《金瓶梅》中提到「交椅」不少次，譬如《西游记》：「女王依言，仍坐了龙床，即取金交椅一张，放在龙床左手，请唐僧坐了。」（图一一）。按礼仪场合的考量，有时候交椅的摆设「独放在大厅中」，或者「正面安放两张」，或者「列排四（或者六）张」。还有很多描述交椅的细节，如：「退光漆交椅」、「虎皮搭苫漆交椅」、「戗金交椅」、「黑漆交椅」、「东坡椅」、「醉翁椅」等。关于「东坡椅」的典故，根据明万历沈德符《野获编·玩具·物带人号》解释：「古来用物，至今犹系其人者……无如苏（东坡）子瞻、秦（太师）会之二人为著。如胡床之有靠背者，名东坡椅。」应该跟宋杨万里的《诚斋诗话》「……诸伎立东坡后，凭东坡胡床者，大笑绝倒，胡床遂折，东坡堕地」的故事有关。古人命名，不论材质，似乎大都与地位和名人有关。

交椅既是皇帝和高官贵族的座椅，也是世人敬奉先灵的坐具。在宋代的墓石刻与壁画中都有虚无人坐的交椅（图一二、图一三）。可见交椅是活人与逝者灵魂共用的最高等级的坐具。人们对交椅的喜爱不仅仅在活着的时候，去世后也不例外。晋陕两省就出土过三彩交椅的冥器（图一四），此外，大部分的明清官员画像和祖宗画像都是坐在交椅上的场景（图一五）。由此可知，古人不但渴望活着的时候使用交椅，死后灵魂同样用交椅。

宋代的交椅又名「太师椅」；但到了清代，这名称别有所指，成为风格严肃厚重的清式坐椅代称，而轻快的交椅样式则逐渐消失。虽然古代石雕、绘画、冥器及文献出现大量交椅的讯息，存世交椅实物却不成比例，远不如其他椅类多，尤其是圈背式交椅。圈背式交椅的造型与传统的椅子在构造上有很大的差别。圈背扶手部位不但易于损坏，脚踏和托泥也容易散失。岁月婆娑，铰钉因磨损、锈蚀而断裂。因此，年代久远又保存良好的交椅实在不多。然而，交椅的独特性以及身世如谜的特性令人难以忘怀。

图七 明初 日本交椅

图八 明弘治 吕纪 吕文英《竹园寿集图》局部

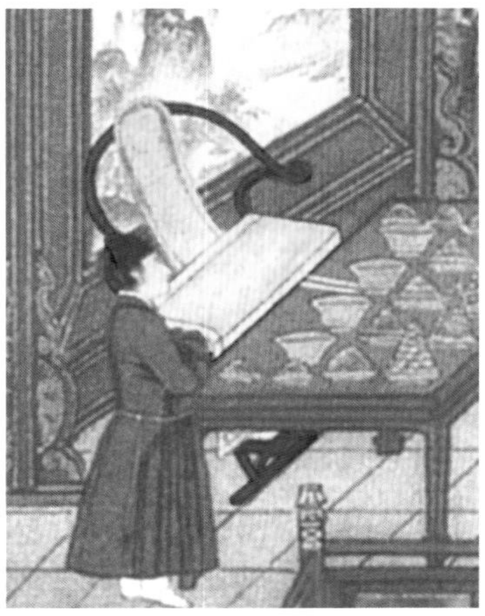

图九 明初《明宣宗宫中行乐图》局部

图一〇 清康熙《康熙南巡图》局部

图一一 明万历《西游记》版画局部

图一二 宋 石雕交椅 四川

图一三 宋 壁画局部 江西乐平

图一四 明 三彩交椅 山西出土

图一五 明 官像画局部

# 从晋城的『板床』说开去

王焱

时至今日，随着中国经济的发展，交通的发达，人员的流动，人们的语言习惯也在发生着变化，地方方言有逐渐趋同的趋势。当然，这是一个缓慢的渐变过程。越来越多的年轻人开始讲普通话，老一辈人还执着地坚守习惯，讲着方言。愈是年长的老者口中，愈能听到一些生僻拗口、含义丰富的字词。有些词语，不是故乡人，很难听得懂。比如在晋城一带您能听到『板床』一词，听者往往愕然，不知所指何物。那么要是讲『板凳』，恐怕没有不知道是什么的。其实晋城人口中的『板床』就是小板凳。不唯晋城，与之毗邻的晋南地区也有类似的叫法，但是晋南人发音不同，『板床』都读入声，『床』读『chuo』。

板床，泛指低矮之坐具，坐在上面，样子跟蹲着也差不多，但显然要舒适很多。板床的样式，分长的、方的、圆的，一般用在非正式场合，用处多多。

有趣的是，在晋城下辖的高平市，又将小板凳称作『小床』，与『板床』的叫法一字之差，落脚点却都在一个『床』字上，这很耐人寻味。

为什么晋城地区会将小板凳叫做『床』呢？

其实『床』的含义，在古代非常广泛，凡是能够提供平面的器具甚至构件，都能称之为『床』，比如古诗中的井床（井栏杆），我们现在所称的机床。之于坐具，古代的绳床、胡床都是『床』的范畴，而我们晋城人口中的板床或小床，也属其中。前一阵有个很热的话题，『床前明月光』中『床』到底所指何物，各个学科的专家学者，讨论不少，引证据典，有胡床说（马扎说）、井床说、绳床说等，各执一词，都解释得通。我只想说，何尝不可能是晋城人口中的『板床』呢？也是合情合理的。于此可引一段唐时僧人义净法师《南海寄归内法传》中的记载：『西方僧众将食之时，必须人人净洗手足，各各别踞小床，高可七寸，方绕一尺，藤绳织内，脚圆且轻，卑幼之流，小拈随事，双足蹋地，前置钵盂。』这个『小床』，莫不就是高平人口中的『小床』，就是晋城人口中的『板床』吗？

二〇世纪七〇年代山西大学古汉语教授金瑞英先生曾经在晋城做过调查研究，结论是，晋城方言中保留着大量古代汉语的元素。晋城地方语言简洁明朗，很多为消失的文言文。这也解释了为什么现在的方言中，还保留着古人以『床』称呼坐具的传统。这样的传统，能够绵延千年至今，也真是令人欣慰。

关于这种特殊的地域现象，原因不难解释。晋城地处太行山脉，历史上交通不便，长期闭塞，传统一脉相传，外来文化入侵少，在诸多因素共同作用下，便导致了其区域文化相对纯正。其实不止这小小板床，今天我们尚能在晋城发现风格高古的家具，也得益于此，学界谈论及晋作家具，都一致赞叹于其传承性，民国时做的家具还是宋元样式，这样的情况屡见不鲜。

板床这一坐具小而普通，但背后引发的文化却如此之多，不得不说这有一种更大的乐趣。而今，板床在晋城人的日常生活中，仍然是寻常之物，每每目睹这些可爱之物，儿时那些关于板床的记忆便悠然浮现。

在很长的历史时期，晋城人居家生活大都围「炕」进行。因其房子造得高大，大部分为框架式结构，即当地人所说的「四梁八柱」，这种房子空间宽大，墙亦厚实。置身于宽大的居家环境，人们自然会选择一个便于生活的中心。比如现代人的居家生活，大部分时间习惯以客厅为中心。而过去的晋城人，选择的居家中心便是炕。这种炕边上有火，有火便有温暖。特别是入冬之后，四处皆冷，唯炕边的火炉是有吸引力的。炕边的火炉造得硕大，与炕几乎平分秋色。平日里，家人取暖、小叙、休息、进餐甚至邻友串门闲聊，皆是围绕炕火进行。于是，这里便自然形成一个活动中心。人们在炕火边就座时，灵巧方便的小板床便大行其道了。这些小板床，形制不一，长短不一，高低不一，但皆有工用，甚至有的小板床，把低矮的表面专门做成下凹形，兼作炕火边躺卧的头枕用。行笔至此，不由得忆起儿时一个美好的情景：那是明月皎洁的冬夜，外面寒气凛凛，屋里的炕火却燃得正旺，大家围炉夜话，谈笑风生，身心皆暖，而朗朗笑声，穿透门窗，荡漾月空。

小板床不仅在屋里大行其道，即使在屋外的院落，村里的街面，甚至在农田亦有其功用。过去山西农村人的习惯，吃饭是要在室外的。平时，大家都各忙其事，唯有吃饭的时候，是聚会神侃的好时光。于是，或屋外的巷子口，或村边的大树下，或圆圆的石碾边，人们便抓住吃饭的空闲，远近围坐，边吃边聊，身边所发生的新闻旧事，在此便瞬间散发、传播。这种场合，坐具当然不可或缺。不讲究的，随便找块石头坐下；讲究点的，便这手端碗，那手提小板床，选好地方，放置稳妥，才要神闲气定地坐下来，然后，就着各种兴趣话题，时而大口吃饭，时而凝神静听，时而侃侃而谈，时而激烈争执。

晋城老的民居院落，大门与房屋共为一体，由外踏进大门，便是长长的过道。过道的顶不露天，遮空蔽日，高而宽大，长而通泰。炎炎夏日，酷暑难耐，而此时的过道，却是乘凉的好地方。坐立其间，不禁清爽自得。在这悠长的过道里，一般人家为了方便歇坐，常常在两侧的墙根儿，放置一些材质为青石或砂石的长石条以为坐具，但石条性凉，尤其青石，不得久坐，而且每逢秋忙季节，往往会妨碍了满载粮食的平车出入。如此情形之下，各式各样的小板床，便再次成为人们的上佳选择，因为它们搬放轻巧，而且坐得舒适。从过道穿进去便是院子，院子里，除去摆设的石桌、石凳等物，小板床同样也是院子里的常备器用。

自炎帝试种五谷后，晋城是最早播种谷物的地方，现在晋城辖区的高平市神农镇，还有炎帝试种谷物的试验田遗迹。谷子的播种历代都用摇耧，摇耧为木制，上面是盛种的种斗，种斗下面三条腿，腿脚套装犁铧，中腿内有空心通道，谷种可以顺之下土。摇耧播种时，前面牲口拉着，后面一人撑着，边走边摇，谷种随着摇动，便顺着中腿的空心通道落入土中。为了获取较高的成活率，谷子下种的数量极大，长出的谷苗便很稠密，接下来的劳作便是间苗，就是拔掉多余的谷苗，把谷苗间成三四指宽的间距，才可保证谷物的正常生

长。这是个艰辛而细心的工作，一般由家里上年纪、有经验的老人来操劳。间苗时需要长时间蹲在田里，而操劳的往往又是老年人，因此，为了减小劳动强度，板床便被经验老道的老农派上了新的用场。儿时的记忆中，每逢间苗时节，走在田间小路上，常常目睹谷田里老农坐着小板床间苗的情景：谷苗两侧的土壤里，跨立着小板床的四条腿，恰好压不住谷苗，小板床上的老农，一边间苗一边前移，而间好的苗列，则随之渐行渐长。有了板床，繁累的工作变得轻松多了。

在很长的历史时期，马车一直是人们最主要的出行工具，而过去的马车上，是没有减震装置的，如果直接坐上去出行，也许走不了多远，便会颠得骨软筋麻。为了增加乘车的舒适度，拉人的马车上一般会备着板床，无人坐的时候倒放车上，有人坐的时候再立起来。其舒适度要比直接坐在车上好很多。碰上凹凸坎坷之路，只要顺势稍稍向上抬臀，加以腿部微微支撑，便会起到简单的减震作用，自然也会感觉相对舒适很多。此外，在短暂停歇时，还可以直接放在地上，以便乘客临时休顿或歇息。

一一悉数，仔细想来，板床这一寻常坐具，无处不在，每每与人念及，便倍感亲切。尤其是那些传世久远的小板床，不知历经多少风雨岁月，出落得油光滑亮，灵性显现，气质非凡，睹之令人心生喜欢，抚之让人爱不释手。或许是爱屋及乌，或许是为了「板床」这个语言活化石的传承，虽然这个叫法在许多外人耳中显得土得掉渣儿，但我依然这样叫得亲切：「板床儿」。

# 天然树根与石家具

姜雷

明晚时收藏鉴赏大家汪珂玉在《珊瑚网》有这样一段：『二甫舟中有古树根天然榻，奇怪莹洁，真山房珍异，惜不随画作媵，殊怏怏也。』记录来自义兴的吴二甫为汪珂玉父子带来两幅画，他们欣然购之，但二人对运画船上陈设的天然榻更是喜欢，可惜不作价出售，郁郁而归。

一个树根制成的天然榻，也许在凡夫俗子看来是劈柴费料，在明代收藏大家手里却成了『山房珍异』，我想这中间的差别，主要在于中国文化的独特性和在这种文化中孕育出的独特审美情趣。不唯树根枯柯，石亦如此，两者有不少的共通处。我甚至认为，如果说南官帽椅这类规矩的制式承载着温文尔雅的儒家文化，那么天然树根家具和石家具蕴含着道家的思想——道法自然。道法自然，法的是『本来面目』，是事物的本源，有人认为是大自然，我觉得不妥。

天然树根和石家具的形象，在佛、道题材的画中最易见到，经常能看到罗汉、大士，坐在怪石枯木根上，一副远离尘嚣，超然世物之感觉。明代慕古的画家尤其喜欢这类题材，有丁云鹏、吴彬、陈洪绶等，尤其是后者，其画中有文人品茶吟诗，仕女插花斗草，风格奇古，陈设的家具多是天然石、树根等，有案、几、凳、榻等属，奇怪可爱，装饰性极强。

中国文人对于石的嗜好，莫过于宋，诸如米芾对石之喜爱到了癖好的程度，有这样一段故事：

米元章守涟水，地接灵璧，蓄石甚富，一一品目，入玩则终日不出。杨次公为察使，因往廉焉，正色曰：『朝庭以千里之邑付公，那得终日弄石，都不省录郡事。』米径前，于左袖中取出一石，嵌空玲珑，峰峦洞穴，皆具色，极清润宛转，翻覆以示杨曰：『如此石，安得不爱？』杨殊不顾。乃纳之袖，又出一石，叠章层峦，奇巧又胜，又纳之袖。最后出一石，天划神镂之巧，顾杨曰：『如此石，安得不爱！』杨忽曰：『非独公爱，我亦爱也』。即就米手攫得之，径登车去。

此事屡见记载，姑且不去讨论玩物丧志、因私废公的问题，宋人之爱石可见一斑，所以石质家具在文人用器中占有一定分量也是必然的了。这则故事中杨杰的

态度也说明，当你见到真正打动你的石头，明白了它的美，会怦然心动。这个过程好像禅宗的顿悟！

流传的天然树根或石家具实物中，现藏故宫博物院的『流云槎』最为著名，笔者所目者还有柏木根凳、文石凳、钟乳石桌、木根琴桌等。可惜，真正有品位的石头和家具都是很难见到的，偶一有之，绝不复出。特别是家具，同是椅子，一千件里面可能只有一件是有品位的，但你不能在这个过程中放弃或彻底否认。

此外，天然树根或石家具的高下评判，还有一个因素，即新老问题。请注意开篇所引汪珂玉所谓的『古树根天然榻』，一个『古』字说出明代人也追求古物。

# 观《中国古坐具艺术展》有感

刘传生

续二〇一〇年和二〇一一年两届中国古家具艺术展之后，二〇一三年，「中国古坐具艺术展」又拉开了帷幕。笔者作为发起人、组织者、参与者之一，亲历了每届展览的全部过程。之于本届，为使我们的民族文化得到充分的发扬光大，将古老璀璨的艺术结晶展现给世人，呈现出鲜明厚重的东方文明，展品的评选皆严格要求，仔细考量，意图在学术研究、文化内涵展示方面达到了较高水平。

本届参展作品数量百余件，从材质上分，高档硬木家具约占总数的四分之一，其中包括紫檀、黄花梨、红木、铁梨木、鸂鶒木、乌木等。大漆家具占十分之一左右。其他为柏木、楠木、榉木、榆木、槐木、柳木、杉木，竹、石、琉璃等各类材质。从工艺方面讲，除考究的榫卯结构外，有木雕、髹漆、镶嵌、石刻、琉璃以及竹编工艺等。从年代上分，自元代至民国都不乏有精品及代表作。从风格特征方面讲，有的坐具制式造型宋元风格突出，文雅内敛，有的则贴近生活，纯朴可爱。上至宫廷家具下至民间用器，除了较为有影响力的苏作、晋作、京作、闽作、广作外，还有河北、巴蜀地区的坐具，可谓种类齐全，包罗万象。

纵观本届展品的状况，研究分析各自的造型风格、用材、工艺及所承载的文化内涵，有以下几点认识：

## 硬木佳构

确实无论是明清两代乃至于现在，国人对材质的推崇与喜爱已是事实。明代黄花梨家具简约流畅的线条与木质本身所呈现出的逸美纹理相得益彰。清代多选用紫檀木制作家具，施以繁杂无空的雕刻纹饰，除尽显奢华外，更是达官贵人和统治阶级权力地位的象征。黄花梨、紫檀家具在某种意义上讲是社会地位、经济实力的象征与体现，因此也就形成了它们各自的格局与定式，相对来说较为中规中矩，发挥与创造的空间在某种层面上受到了制约。黄花梨、紫檀所制作的古代家具，用材讲究、造型规范、工艺较佳，承载着上层社会的历史与文化，是古典家具长河中璀璨耀眼的明星，是华夏古典家具大家庭中的一个分支，反映出历史上某一时期人们的审美趋向与精神追求，是为经典。

## 大漆璀璨

我们的祖先是世界上使用大漆最早的民族，至少河姆渡文化出土七千年以前的漆器就能证明，随着人类对自然的认知不断深入，大漆的运用逐渐广泛，美化充实着人们生活的各个方面，从历史留存到现在的制作，几千年来从未间断，可以说人类对大漆的应用悠久漫长。明代中早期以前，从宫廷到民间的传世家具中少见硬木家具，多以大漆家具为主。明初宫廷特设「果园厂」，对大漆家具的设计制作进行专业的研发与督造。清代朝廷也不例外，造办处特设「油作」制作大漆家具，集全国之贤能，无论设计者、实施者都可称为一流，皇帝甚至亲力亲为，参与设计。

智慧的古人研发出多种髹饰方法，如剔红、镶嵌、描金、螺钿等。在做到防腐、结实、耐用的前提下又起到了美化效果。如展品中剔红山水花鸟图南官帽椅，此椅在木制骨胎完成后，经打磨和多遍披灰环节后再通过数道髹漆，直至一定的厚度，经过漫长的阴干到适合雕剔的最佳实施阶段，进行雕琢，整个过程工序繁多，技术要求高，难度大，耗时长，工费高。所髹大漆及颜料来自天然漆树和矿物质，精配提炼，制作成本不菲。我们能看到，制作一件剔红家具（或称之为一件大漆家具），并非像一般木质家具那么简单，与其说是一件家具，不如说是一个工程。从构思、设计、备料、实施等多方面来讲谈何容易。工艺之外还有使用者在审美、情趣等方面的追求，赋予了一件家具形体之外的精神，因此它的文化内涵更加丰厚博深。

## 漆木纷呈

大部分展品之髹漆做法，从工艺角度来讲较为普通，暂将这些硬木和大漆家具之外的家具，统称为漆木家具，有薄髹漆者，也有清水皮壳者。这些家具跨越的时间较长，受到各个时期文化、艺术以及宗教方面的影响，造型、设计、意趣等丰富多彩。材质的足备是产生这种现象的重要因素，古人得以大胆尝试，大显其能，能够反复推敲，精益求精，经历了无数次尝试，凝结了几辈人的努力才结出硕果。再者，我们的国家地大物博，各地区、各民族都有自己的信仰与生活方式，形成了不同的区域文化，随之影响到了物质生活、精神生活，家具属于前者，同时代的同一种器物，如果制作的地区不同，虽造型制式大体相同，但细节差异明显，呈现出不同的精神面貌。南方家具秀美灵动，北方家具则古拙浑厚。其他地区的家具风格也有着各自的特色，家具有京、苏、晋、广等作之分是具体的体现。

中国家具是一个大家族，在这个庞大的体系中各类家具无论从造型、年代、用材及工艺方面都各具特色，各有所长。硬木家具尽显容姿华贵，大漆家具内敛古朴，它们都是古代家具中的优良作品，但它们仅是一个分支。占比例最多的漆木家具形态丰富，艺术性强，文化内涵深厚，学术价值高，认识起来难度大，相关的研究较少。因此造成多数人对漆木家具的认识不清，认知不深，不能客观、公正、全面地看待认识。长此以往，会造成对民族文化的埋没或扭曲，本次展览的意义就在于此。有一点可以坚信「漆木家具是古代家具的母体，是华夏古典家具之宗，这条脉络随着研究地不断深入会越来越清晰。」

# 后记

【凿枘工巧】中国古坐具艺术展
组委会

继『卧·游——中国古卧具艺术展』后，『坐·位——中国古坐具艺术展』作为中国家具艺术系列推广活动，再次与大众见面。它致力于向观者展现古坐具领域的成就，并由此折射出中国历史文化的发展与演变，重新将中国家具艺术与生活联系为一个密不可分的整体，使公众借着古坐具这一载体了解其内在的、隐含的气质，及其承载的中国文化。

在此，要感谢中央美术学院、中华世纪坛世界艺术馆、中华炎黄文化研究会、观复博物馆的大力支持；感谢相关专家学者、收藏家与行业人士的积极参与。感谢执行团队同仁们的无私奉献；感谢北京知凡文化艺术有限公司的精心设计与制作。

特别感谢故宫博物院对本次展览的肯定与支持。乾隆宝座的展出，使展览体系更为完整，同时也为大众欣赏中国家具艺术珍品提供了难得的机会。

中央美术学院与故宫出版社合作，将陆续编辑出版中国家具艺术丛书，进一步推动中国家具艺术的传承与发展，为传统文化的复兴注入新的活力。

流连于古人灿烂的文化遗存，相信每位观众都会有所收获。中国家具研究之路漫长而艰辛，踏着前辈的足迹，我们集点滴而来，难免有疏漏之处，还望方家不吝斧正！

展览主办：中央美术学院　中华世纪坛世界艺术馆
中华炎黄文化研究会　观复博物馆

特别支持：故宫博物院

展览承办：北京知凡文化艺术有限公司

支持单位：北京万乾堂古典家具艺术馆
华艺大荣木业制品有限公司
知凡文化
山西晋城古典家具博物馆　山西珐华博物馆
石家庄市当代美术馆
青岛古家具研究会
善居上海
北京行之行家具有限公司
北京和顺堂古典家具
北京长裕堂古典家具有限公司
北京可园
北京拨云轩
北京海旭古典家具
湖南省双胜环保有限公司

展品支持：马未都　张德祥　刘传生　蒋念慈
于　山　王　焱　吴振文　邢　伟
张行保　张　旭　付家豪　刘传俊
柯惕思（美）　欧阳元胜　姜　雷
耿瑞起　李　曾　李世辉　张　寒
黄定中　周纪文　张涵予　张爱红
木　公　牛铁军　马良骏　高国良
李　鹏　方雄武　谭志斌　张名扬
卢武健　施振榕　朱义兵　杨东生
成永平　周爱英　董　晶　宋岸雷
李　正　蔺先生　夏连喜　刘广巨
常纪文　常杰中　罗　汉（法）
Marcus Flack（英）　Betsy Nathan（美）

顾　　问：王亚民　赵东鸣　王立梅　王　敏　许　平

学术委员会：马未都　张德祥　濮安国　柯惕思（美）　蒋念慈　刘传生

展览发起人：蒋念慈　刘传生　张春林

展览总策划：马未都

展 览 策 划：刘传生　蒋念慈　于　山

展览总负责：刘传生

策　展　人：于　山　林存真

展览组委会：蒋念慈　于　山　王　焱　张行保　吴振文　邢　伟

展 览 设 计：于　山　南悦华

展 览 执 行：梁歆然　冯羽红　丁艳丽　陈美婵　杨　凯　韩　斌
王　畅　刘　杰　官万仕　高　骞　左念念　王小雪
刘加斌　徐秋红　石　鹏　刁　宁　李晓花　蒋纪贤
郭　雄　王　虹　彭志丽　封月园　赵士英

图书在版编目（CIP）数据

坐位：中国古坐具艺术 / 中央美术学院编. -- 北京：故宫出版社，2014.12

ISBN 978-7-5134-0680-2

Ⅰ. ①坐… Ⅱ. ①中… Ⅲ. ①坐具－中国－古代－图录 Ⅳ. ① TS665.4-64

中国版本图书馆 CIP 数据核字 (2014) 第 268452 号

# 坐·位

编委会：刘传生　蒋念慈　于山　王焱
吴振文　邢伟　张行保　张旭
付家豪　刘传俊　许平　姜雷
耿瑞起　欧阳元胜　柯惕思（美）

执行编委：刘传生　蒋念慈　于山

特约撰稿：张志辉　谭向东　张丹丹

摄影：孔祥哲

责任编辑：万钧

整体设计：林存真

设计制作：知凡文化　郭雄　刘宝

出版发行：故宫出版社
地址：北京市东城区景山前街4号
邮编：100009
电话：010 - 85007808　010 - 85007816
传真：010 - 65129479
网址：www.culturefc.cn　邮箱：ggcb@culturefc.cn

印刷：北京雅昌艺术印刷有限公司

开本：787×1092 毫米　1/8

印张：42

版次：2014 年 12 月第 1 版第 1 次印刷

书号：ISBN 978 -7-5134-0680-2

定价：560.00 元